Gabriele Metz
Esther Schalke

Hunde-führerschein & Sachkunde-nachweis

Mit Frage-Antwort-Katalog

KOSMOS

Die Mensch-Hund-Beziehung   67

Problemverhalten   77

Gesundheit, Pflege und Ernährung   95

Hund und Öffentlichkeit   121

Fragenkatalog   127

Service   139

Lernen, Wissen, Üben – Leben mit Hunden

Sozialverträgliche Hunde und verantwortungsbewusste Hundefreunde, das ist eine ganz tolle Kombination, die unsere Gesellschaft auf eine einzigartige Art und Weise bereichert. Glücklicherweise ist diese Kombination keine Seltenheit. Aber es gilt auch: Sie ist keine Selbstverständlichkeit. Wie können wir Hunde und Menschen Lebens- und Entwicklungsbedingungen bieten, die sie in Harmonie miteinander vereinen, und wie können wir Fehlentwicklungen vermeiden?

Verschiedenste Komponenten mögen eine Rolle spielen. Sorgfältig züchtende Vereine, die die richtigen Prioritäten setzen, tatkräftige Tierschutzorganisationen, die Notlagen entschärfen, kompetente Berater, die unerfahrenen Haltern zur Seite stehen und kluge Politiker, die skrupellosen Hundehändlern die rote Karte zeigen.

Die hier vorgelegte Buchveröffentlichung gehört zu den Materialen, die Hundehaltern gleichzeitig jede Menge Anregungen übermittelt. Sie ist insofern erfolgsorientiert, als sie ganz klar auf eine erfolgreiche Qualifikation von Hundehaltern, speziell auch Neulingen und einen Erwerb von Sachkunde hinarbeitet.

Und wenn hier von Erfolg die Rede ist, dann möchte ich ganz kurz reflektieren, wie der Weg zum Fortschritt am besten zu ebnen ist: Hätte ich ein Motto für Erfolg versprechende Bildungsmaßnahmen im Hundewesen zu formulieren, so würde es lauten:

> Lernen ohne erhobene Zeigefinger
> Wissen mit Praxisbezug
> Üben in angenehmer Atmosphäre

Ich wünsche Ihnen dementsprechend viel Spaß bei der Beschäftigung mit dem Verhalten und der Kommunikation von Hunden, Pflegemaßnahmen, Erziehungsmethoden und allen weiteren Inhalten. Unabhängig davon, ob dies Ihr Einstieg in das Leben mit Hunden ist, oder ob Sie sich die einzelnen Kapitel mit einem Mehr an Vorerfahrung zu Gemüte führen, eine positive Einstellung zu Hunden und eine gleichermaßen positive Einstellung lebenslangem Lernen im Bereich der Kynologie mögen Sie begleiten und sich auf Ihre Mitmenschen übertragen. Hundehaltung mit Begeisterung, dazu gehört nicht zuletzt auch Kompetenz.

Prof. Dr. Peter Friedrich
Präsident des Verbandes für das
Deutsche Hundewesen (VDH)

Spurensuche im Torf

Von der Steinzeit bis heute

Verblüffend, dass alle Hunde vom Wolf abstammen. Und doch ist es so. Die kleinsten und die größten Vertreter der weltweit über 400 Rassen und Mischlingshunde gehen auf den gemeinsamen Urvater zurück.

Steinzeit-Funde

Tief hinein in lockere Torfschichten führt die Suche nach den ältesten Spuren des Haushundes. Gut, dass moorige Pflanzen ebenso wirksam konservieren wie einst ägyptische Balsamierer. Denn ansonsten wäre dem Pfahlbautenspitz wohl niemals die Ehre zuteil geworden, die er verdient. 1861 in der Nähe steinzeitlicher Pfahlbautensiedlungen der heutigen Schweiz gefunden, öffnet er den Blick auf ein abenteuerliches Leben als Haushund, das vor rund 10.000 Jahren begann. Und der Schweizer Pfahlbautenspitz, der an den heutigen Wolfsspitz erinnert, ist nicht der einzige seiner Art: In ganz Europa geben Moore die Überreste steinzeitlicher Hunde frei. In Asien und Nordafrika gibt es ebenfalls zahlreiche Hinweise auf Haushunde, die während dieser Zeit Menschen zur Seite standen. Ein abenteuerlicher Auftakt zu einem außergewöhnlichen Miteinander.

Die Antike

Mit dem Beginn der Antike vereinfacht sich die Spurensuche. Und die Gewissheit, dass Hunde geschätzt werden. Als treue Jagdgefährten sorgen sie für gut gefüllte Speisekammern. Als aufmerksame Wächter halten sie unerwünschte Gäste von Haus und Hof fern. Einige von ihnen ziehen sogar mit ihren Herren in den Krieg und lassen dort nur allzu oft selbst ihr Leben. Obwohl der praktische Nutzen des Hundes in der Antike wohl der Hauptgrund für seine Haltung ist, gibt es auch Menschen, denen die Vierbeiner tatsächlich ans Herz wachsen. So zieht der Tod eines Hundes in Ägypten Trauerrituale nach sich. In Rom schmeicheln sich Liebende mit dem Kosenamen Catellus, der Hündchen bedeutet. Und der römische Schreiber Arian ruft sogar dazu auf, Hunde auf den Kopf zu küssen und über Nacht mit ins Bett zu nehmen.

Zeichen der Wertschätzung: prächtige Schmuckhalsbänder.

Das „dunkle" Mittelalter

Im Mittelalter hätten solche Zuneigungsbekundungen den hundebegeisterten Römer wohl den Kopf gekostet. Denn nach dem Rückzug der Römer aus Mitteleuropa geht es bergab mit der Beliebtheit des Haushundes. Streunende Rudel ziehen durch die Gassen, fressen

Aas, verbreiten Krankheiten und bedrohen durchaus auch Menschen. Die Kirche heizt die Abscheu gegenüber Hunden an, indem sie die Seelenlosigkeit der Tiere propagiert. Das Wort Hund gilt als gängiges Schimpfwort. Der Dominikaner und Theologe Thomas von Aquin lehrt, dass Hunde wertlos seien. Wie fast alle Kleriker, außer dem Franziskaner Franz von Assisi, der dazu aufruft, Tiere zu achten und zu schützen. Doch viel Gehör findet er nicht. So gilt das „Hundetragen" als übelste Schmach, wenn es darum geht, einen Ritter für unehrenhaftes Verhalten zu bestrafen. Und manchmal baumeln Hund und Straftäter gemeinsam am Strang – als Zeichen größter Demütigung.

Die Höfe Europas

Die Ehrenrettung des Haushundes erfolgt schließlich an den Höfen Europas. Dort begleiten Hunde ihre Herren zur Jagd und dienen hübschen Damen als Schoßhunde zum Zeitvertreib. Dadurch erlangen sie Salonfähigkeit, was sich sogar in der Erzählung „Tristan und Isolde" niederschlägt. Darin schenkt Tristan seiner Geliebten einen Schoßhund als Zeichen seiner Treue. Dass dieser später zu Gunsten eines schneidigen Jagdhundes auf der Strecke bleibt, steht auf einem anderen Blatt.

Höfische Kultur: Hunde als Zeitvertreib.

Barock und Rokoko

Also hat er es geschafft, der Haushund? Nicht ganz. Denn die Neuzeit wartet erneut mit Widrigkeiten auf. Der Mensch versteht sich zunehmend als denkendes Wesen und Krone der Schöpfung. Tiere sind minderwertig und genießen allenfalls in einer Knechtfunktion Daseinsberechtigung. Bis zur Perfektion dressiert oder unterwürfig schwänzelnd blicken Hunde demütig von den Gemälden des Barock und Rokoko. An den Höfen sind sie dekoratives Detail zur Schau getragener Kultiviertheit. Doch außerhalb dieser wohl situierten Kreise schuften Hunde wie Maultiere, Esel und Pferde. Bis Mitte des 19. Jahrhunderts sind die meisten von ihnen als Hüte- oder Herdenschutzhunde, als Wächter von Haus und Hof oder als Karrenhunde im Einsatz.

Schwere Wagen mit Milchkannen, Fleischerwaren oder Lumpensäcken poltern, von Hunden gezogen, durch die Straßen. Andere geschundene Kreaturen drehen in Tretmühlen endlose Runden und treiben mit ihrer Muskelkraft Maschinen an. Vielen Hunden geht es dabei so schlecht, dass den Begriffen „Hundeleben", „Hundeelend" und „Armer Hund" in dieser Zeit Flügel wachsen.

Auf den Spuren Darwins

Erst in der zweiten Hälfte des 19. Jahrhunderts kommt Hoffnung für den Haushund auf. Naturwissenschaftler wie der Brite Charles Darwin tragen zu einer Sinneswandlung bei. In den industrialisierten Städten regt sich Sehnsucht nach der Natur und mit ihr auch nach dem Haushund. Der deutsche Philosoph Arthur Schopenhauer prescht voran und bricht Tabus, als er mit seinem schwarzen Pudel Butz regelmäßig in ein Restaurant einkehrt. Gleichzeitig entstehen die ersten Tierschutzvereine und nehmen sich den dahinvegetierenden Karrenhunden an. Bald schon sind Liegedecken und Wassernäpfe ebenso Pflicht wie das Ausschirren der Hunde während der kurzen Arbeitspausen. Später kommt noch ein Erlaubnisschein für Ziehhunde hinzu, der von der in Berlin bereits 1812 eingeführten Hundesteuer befreit, bis

Königs Lieblinge – mit Pinsel und Öl auf der Leinwand verewigt.

Blanc du Roi – ein weißer Königshund.

die Schinderei 1935 schließlich gänzlich zum Verbot kommt.

Das ist ein weiterer Schritt hin zum respektvolleren Miteinander, zu dem auch der vermehrte Einsatz von Vierbeinern als Rettungs-, Polizei- und Blindenführhund beiträgt.

Entstehung des Hundewesens

Zeitgleich professionalisiert sich das Hundewesen. Den Start machen die Engländer 1873 mit der Gründung des Kennel Clubs. Hundeausstellungen und von Vereinen betreute Zuchten gibt es jedoch schon länger: Zum Beispiel die erste deutsche Hundeausstellung in Hamburg im Jahr 1863. Oder die Gründung des Hannoverschen Jagdvereins. Die Gründung der Delegierten-Commision im Jahr 1879 ist der zweite große

Verband für das Deutsche Hundewesen

Der VDH ist Mitglied der 1911 gegründeten Fédération Cynologique Internationale (FCI), die sich international für Hunde und die Rassehundezucht stark macht.

Meilenstein auf dem Weg zum durchstrukturierten Hundewesen. Sie führt ein Jahr später zum gemeinsamen Stammbuch aller Rassen, verführt andere aber auch zum Nachahmen. Baron von Gingins, selbst im Griffonklub aktiv, und Barsoi-Liebhaber Ernst von Otto ordnen die Vielzahl selbstständig agierender Zusammenschlüsse, indem sie 1906 in Frankfurt am Main das „Kartell der stammbuchführenden Spezialclubs für Jagd- und Nutzhunde" gründen. Hieraus entsteht später der Verband für das Deutsche Hundewesen (VDH). Seine Aufgaben sind klar definiert: Interessenvertretung aller Hundehalter und Förderung der Zucht von gesunden und verhaltenssicheren Rassehunden sowie die Erziehung, Ausbildung und Beschäftigung mit Hunden. Hier finden Welpeninteressenten Ansprechpartner für verschiedenste Hunderassen, bekommen Hilfestellungen bei Fragen rund um Aufzucht, Haltung und Erziehung und treffen bundesweit Gleichgesinnte.

Das 20. Jahrhundert

Während sich das Hundewesen organisiert, schliddert der Haushund ins nächste Geschehen: Der Erste Weltkrieg bringt Vierbeiner an die Front, wo sie zu Tausenden sterben. In Jena öffnet ein Lazarett für Kriegshunde. In Oldenburg operieren Tierärzte Sanitätshunde mit Hundebesteck. Kontrastprogramm: In den USA begeistern Filmhunde aus Hollywood die Massen. Allen voran die bellenden Partner des legendären Charlie Chaplin. Nach dem Ersten Weltkrieg trumpft die deutsche Filmindustrie mit vierbeinigen Stars auf. Nicht nur Heinz Rühmann, der Rauhaarteckel hält, profitiert vom bellenden Sympathieträger. Hinzu gesellt sich die Mär vom gebildeten und philosophisch veranlagten Hund – Lieblingsobjekt der aufkeimenden Tierpsychologie. Angeblich ist er literarisch versiert, kommuniziert über Klopfzeichen und rechnet präzise wie ein Mathematik-Professor. „Rolf von Mannheim" macht diesbezüglich Furore, weil er angeblich schreibt, rechnet, dichtet, philosophiert und orakelt. Parallelen zum „Klugen Hans", einem rechnenden Pferd, sind unübersehbar. Das Geheimnis der Wundertiere liegt wohl in feinen körpersprachlichen Signalen ihrer Ausbilder begründet. Denn ohne deren Anwesenheit funktioniert nichts.

Weltkrieg und Nachkriegszeit

Als der Zweite Weltkrieg naht, wiederholt sich – neben der unfassbaren menschlichen Tragödie – das Hundedesaster. Wieder sieht sich der Haushund im gnadenlosen Kriegseinsatz. Außerdem dient er üblen Propagandazwecken. Doch trotz allem überdauert das innige Miteinander von Mensch und Hund hinter den Kriegskulissen diese schreckliche Zeit. Was dann auch einige Prominente beweisen: Der erste Bundeskanzler der Bundesrepublik Deutschland, Konrad Adenauer, zeigt sich gerne mit seinem Rottweiler. Politiker Willy Brandt schätzt seinen Hund Basti. Der deutsche Humorist Loriot, alias Bernhard-Victor Christoph Carl von Bülow, glorifiziert den Mops und sieht ganz viel Menschliches in ihm. Das geht auch den Fans berühmter Filmhunde wie Lassie oder Comicstars wie Tims pfiffigem Struppi so. Hunde sind etwas ganz Besonderes. Freunde zum Liebhaben. Und sie stecken voller Ideen. Der Haushund staunt vermutlich selbst über das Bild vom vierbeinigen Tausendsassa, der Gefahren kilometerweit wittert, Menschen tollkühn aus heiklen Situationen rettet und sich notfalls wochenlang alleine durch die Wildnis schlägt. Doch irgendwie steckt ja tatsächlich etwas von alledem in jedem Hund. Denn an Vielseitigkeit sind Hunde wohl nur schwer zu übertreffen. Und das ist heute offensichtlicher als je zuvor.

Ein Hauch von Lassie. Viele Filmhunde des letzten Jahrhunderts sind bis heute unvergessen.

Das 21. Jahrhundert

Hunde sind jetzt vor allem Familienmitglieder und Freizeitpartner. Sie mischen mit Feuereifer bei den verschiedensten sportlichen Aktivitäten mit. Über 340 verschiedene Rassen bieten das passende Profil für jeden Lebensstil. Ob Hütearbeit, Obedience, jagdliche Führung, Agility, Schlittenhunde-, Wasser- oder Fährtenarbeit, Rennen, Coursing oder einfach vollwertiges Familienmitglied ... Für jede Rolle bietet die facettenreiche Welt der Hunde die richtige Besetzung. Auch in sozialen Bereichen sind Hunde unterwegs: Sie überzeugen als Assistenzhunde, leisten Großes im Rettungswesen, spüren Illegales an Flughäfen und Grenzübergängen auf, führen Menschen mit Sehbehinderung sicher durchs Leben und unterstützen die Polizei bei der Suche nach Vermissten.

Nicht zuletzt sind Hunde heute ein beeindruckender Wirtschaftsfaktor. Ein Bereich, in dem jährlich hunderte Millionen Euro umgesetzt werden. Angefangen mit Futtermitteln, Snacks und Nahrungszusätzen, über Halsbänder, Leinen, Hundebetten, Pflege- und Reiseequipment bis hin zu spezieller Ausrüstung. Die laufenden Kosten schrecken keinen Hundefreund ab. Laut Industrieverband Heimtierbedarf (IVH) leben in 13 Prozent aller deutschen Haushalte Hunde: insgesamt über fünf Millionen. Was für eine respekteinflößende Karriere vollzog sich hier, seitdem damals, vor 10.000 Jahren, der Pfahlbautenspitz sein ewiges Grab im feuchten Moor fand.

Unzertrennlich! Hunde sind als Sozialpartner nicht mehr wegzudenken.

Wir wollen einen Hund

Zeitbedarf und finanzieller Aufwand

Hunde kosten Zeit und Geld. Und doch wollen Millionen von Menschen nicht auf sie verzichten. Sie entscheiden sich ganz bewusst für ein Leben mit Hund.

Zeitbedarf

Die Entscheidung ist gefallen. Zukünftig soll ein Hund das Familienleben bereichern. Und das wird er. Allerdings stellt er das Leben vielleicht auch ganz schön auf den Kopf. Denn Hunde haben Ansprüche und ein harmonisches Miteinander ist nur dann möglich, wenn sich alle auf das neue Familienmitglied einstellen.

Zeitmanagement ist hierbei der erste wichtige Punkt. Hunde passen sich dem Lebensrhythmus ihrer Familie zwar weitgehend an, aber dennoch kosten sie Extrazeit. Wie hoch dieser Aufwand ist, hängt von vielen Faktoren ab. Ein kleiner Gesellschaftshund, der mit zwei Spaziergängen täglich auskommt, kostet weniger Zeit als ein hoch trainierter Agility-Sportler, der erst nach drei Stunden Auslastung zufrieden ist. Ein langhaariger Hund mit feinem Haarkleid bedarf

intensiverer Pflege als ein kurzhaariger Vierbeiner, der sich nach dem Schlammbad schüttelt und dann salonfähig ist. Jagdhunde sollten ihre speziellen Anlagen ausleben dürfen, entweder bei der Jagd oder bei einer alternativen Beschäftigung wie Dummy-, Fährten- oder Wasserarbeit. Auch das ist zeitaufwändig. Welpen oder Junghunde beanspruchen mehr Zeit als ein Hundesenior, weil sie voller verrückter Ideen stecken, alles ausprobieren wollen und im ersten

Gut investiert

Wer sich für seinen Welpen Zeit nimmt und ihn mit den Regeln des Alltags vertraut macht, spart sich später viel Ärger und Mühe. Denn schlechtes Benehmen beim erwachsenen Hund lässt sich nur noch mit sehr hohem Zeitaufwand in gute Manieren umwandeln.

Wer arbeitet und einen Hund hält, muss den Tagesablauf genau einteilen, damit keiner zu kurz kommt.

Lebensjahr ganz viel lernen müssen. Welpenspielstunden, Hundeschulenbesuche und das Basistraining im Alltag schlagen im Zeitplan zu Buche.

Nicht gern allein

Was unabhängig von Rasse, Alter, Veranlagung und Trainingszustand den Zeitplan bestimmt, sind: die Fütterung, das tägliche Miteinander, Tierarztbesuche und die Wartung des Equipments. Insbesondere junge Hunde brauchen die Nähe zum Menschen und kein Hund sollte länger als fünf Stunden täglich alleine bleiben. Wobei auch das schon ein Limit ist, das eine schrittweise Gewöhnung erfordert. Wer berufstätig ist, sollte sich vor der Anschaffung des Hundes nach einer Hundetagesstätte oder einem zuverlässigen Dogsitter umsehen. Vielleicht ist dann auch ein älterer Hund aus dem Tierheim eine Alternative zum betreuungsintensiven Junghund. Bei einer unerwarteten Veränderung der Lebenssituation, ist mitunter schnelles Umdenken erforderlich. Dennoch sollte man sich gerade dann ausreichend Zeit nehmen, um für den Hund eine dauerhafte Lösung zu finden. Halbherzige Kompromisse, die womöglich zu einem unguten Gefühl und einem unzufriedenen Hund führen, sind hier keine gute Lösung.

Was kostet ein Hund?

Kaufpreis Welpe	600 bis 1.500 Euro
Futter – pro Monat	25 bis 50 Euro
Zwei Näpfe	15 bis 60 Euro
Hundedecke	20 bis 40 Euro
Hundebett	30 bis 90 Euro
Leine und Halsband	30 bis 80 Euro
Entwurmungen – pro Jahr	25 bis 50 Euro
Impfungen – pro Jahr, inklusive Allgemeinuntersuchung	35 bis 60 Euro
Hundesteuer – pro Jahr (Ersthund)	25 bis ca. 160 Euro
Haftpflichtversicherung – pro Jahr	60 Euro
Sicherheitsequipment	10 bis 30 Euro (sicher in der Dunkelheit), 30 bis 120 Euro (Auto)

Hunde-Accessoires für jeden Geschmack.

Kosten für einen Hund

Außer Zeit kostet ein Hund auch Geld. Und das nicht zu knapp. Das beginnt mit dem Kauf des Welpen und der dazugehörigen Grundausstattung. Darauf folgen Futtermittel, Impfungen, Entwurmungen und Routineuntersuchungen beim Tierarzt – eventuell auch Behandlungskosten für Verletzungen, Krankheiten oder Altersbeschwerden, die im Laufe eines Hundelebens auftreten können. Futter- und Wassernäpfe, Hundedecken, Halsbänder und Leinen, eine Haftpflichtversicherung, Schutzgitter oder Sicherheitsgurte fürs Auto, Pflegemittel, Beleuchtung für den Spaziergang in der Dämmerung und Kotbeutel runden die Minimalanforderungen an den Geldbeutel ab. Darüber hinaus locken viele weitere Versuchungen. In der Tabelle haben wir für Sie die durchschnittlichen Kosten eines Hundes zusammengestellt. Wie stark der Geldbeutel belastet wird, liegt auch in den Händen des Hundehalters.

Partnerwahl

Ob das Herz für einen Rassehund oder einen Mischling schlägt, ist eine ganz individuelle Entscheidung, oder man nimmt beides.

Rassehund oder Mix?

Die Voraussetzungen für einen Hund stimmen? Dann los und den passenden Hund gesucht. Und schon ist die nächste knifflige Aufgabe zu lösen. Soll es ein Rassehund oder ein Mischling sein? Wenn bestimmte Eigenschaften und Wesensmerkmale wichtig sind, kommt eher ein Rassehund in Frage. Seriöse Züchter achten bei der Auswahl ihrer Zuchthunde auf rassetypische Merkmale und pflegen sie. Auch wenn jeder Welpe ein Individuum ist, zeigt er in der Regel Eigenschaften, die typisch für seine Rasse sind. Ein Mischling trägt die Erbanlagen mindestens zwei verschiedener Rassen in sich, oft sind die Gene aber noch weitaus bunter gemischt. Bei ihm fließen Eigenschaften und Wesenszüge vieler verschiedener Hunde zusammen. Das kann ein ausgeprägter Jagdtrieb oder Wachinstinkt sein. Vielleicht auch ein enormer Bewegungsbedarf. Welche Eigenschaften sich schließlich herauskristallisieren, bleibt vorerst eine Überraschung. Mit etwas Glück entwickelt sich ein Mix zu einem unkomplizierten Familienmitglied und schenkt viele Jahre Freude. Es gibt zahlreiche Mixe, die alle Anforderungen erfüllen, die man an einen fröhlichen, liebenswerten und unkomplizierten Hund stellt.

Diese beiden verstehen sich prächtig und überzeugen als Duo aus Rassehund (rechts) und Mischling (links).

Das muss aber überhaupt nicht immer so sein. Treffen ungünstige Anlagen im Gen-Mix des Mischlings zusammen, steht die harmonische Zukunft auf wackeligen Beinen. Was für einen Ausbildungsprofi vielleicht eine spannende Herausforderung ist, überfordert die meisten Hundehalter schnell. Immerhin kostet ein aufmüpfiger Vierbeiner, der einfach seinen eigenen Weg geht, sehr viel Zeit. Und noch mehr Geld, wenn für seine Erziehung schließlich ein Spezialist ran muss.

Hunde mit Vorgeschichte

Die Übernahme eines erwachsenen oder gar alten Hundes stellt spezielle Anforderungen an den neuen Besitzer. Was durchaus schön, manchmal aber auch abenteuerlich verläuft. Umso älter ein Hund ist, desto mehr Vorgeschichte gibt es. Gute Erfahrungen und vielleicht auch schlechte. Auf beides muss sich der neue Besitzer einstellen.

Vor der Übernahme eines erwachsenen Hundes sollte also folgendes bedacht werden: Wo ist er aufgewachsen? Was hat er erlebt? Gab es Probleme? Solange es Antworten auf diese Fragen gibt, ist ungefähr abschätzbar, ob die Herausforderung zu bewältigen ist. Taucht der Hund hingegen aus einer völlig unbekannten Vergangenheit auf, ist sein

Anforderungsprofil völlig unkalkulierbar. Eine schlechte Aufzucht, häufige Besitzerwechsel, schlechte Behandlung bis hin zur Misshandlung hinterlassen oft Spuren. Angst, Aggression und Unberechenbarkeit sind mögliche Folgen. Oft kostet es Monate oder sogar Jahre, um das Vertrauen des Hundes gegenüber Menschen und der Umwelt aufzubauen und zu festigen. Manchmal ist das ein Full-Time-Job ohne Erfolgsgarantie. Ein unproblematischer älterer Hund bietet gegenüber einem Welpen aller-

Erwachsene Hunde haben in ihrem Leben schon jede Menge erlebt – Gutes und auch Schlechtes.

dings auch Vorteile. Dann, wenn sein neuer Besitzer einen ausgeglichenen, erfahrenen Begleiter wünscht. Ein unternehmungslustiger Jungspund hält seine Familie schließlich auch ganz schön auf Trab. Er beansprucht viel Zeit, wenn Sozialisation und Erziehung ernst genommen werden. Ein erwachsener Hund, der aus einem hundegerechten Umfeld stammt, gewöhnt sich in der Regel innerhalb weniger Wochen an Veränderungen. Und mit der Zeit verbindet ihn und seinen neuen Besitzer auch eine vertrauensvolle Beziehung.

Der passt zu uns

Die gute Nachricht vorab: Es gibt den passenden Hund für jeden Lebensstil. Die Aufgabe besteht darin, ihn zu finden. Und dabei sollte keinesfalls nur das Äußere des Hundes den Ausschlag geben. Die Optik ist das Hauptkriterium spontaner Entscheidungen und somit oft ein schlechter Berater. Viel wichtiger sind die Eigenschaften des Hundes. Orientierungshilfe bietet die Gruppeneinteilung der Fédération Cynologique Internationale (FCI), dem internationalen Dachverband der nationalen Hundeverbände. Sie unterteilt die insgesamt über 340 verschiedenen Hunderassen entsprechend ihres speziellen Haupteinsatzgebietes.

Dieser Puli-Welpe gehört zur FCI-Gruppe 1.

FCI-Gruppeneinteilung

FCI-Gruppe 1	Hüte- und Treibhunde
FCI-Gruppe 2	Pinscher, Schnauzer, Molosser, Schweizer Sennenhunde
FCI-Gruppe 3	Terrier
FCI-Gruppe 4	Dachshunde
FCI-Gruppe 5	Spitze und Hunde vom Urtyp
FCI-Gruppe 6	Laufhunde, Schweißhunde und verwandte Rassen
FCI-Gruppe 7	Vorstehhunde
FCI-Gruppe 8	Apportier-, Stöber- und Wasserhunde
FCI-Gruppe 9	Gesellschafts- und Begleithunde
FCI-Gruppe 10	Windhunde

Ein Weimaraner hat viel Jagdpassion.

Vorher informieren

Rassehundeausstellungen, die der Verband für das Deutsche Hundewesen (VDH) bundesweit ausrichtet, sind eine gute Möglichkeit, die einzelnen Rassen hautnah zu erleben. Zum einen stellen dort Züchter und Halter ihre Hunde internationalen Zuchtrichtern vor, was den Vergleich vieler verschiedener Hunde einer Rasse in kurzer Zeit und ohne viel Fahrerei ermöglicht. Zum anderen sind zahlreiche Zuchtvereine vor Ort, deren Mitglieder gerne Fragen zur jeweiligen Rasse beantworten. Der Besuch einer solchen Ausstellung ist sehr aufschlussreich. Manchmal entpuppt sich dabei die ursprünglich ins Auge gefasste Rasse als völlig untauglich für den eigenen Lebensstil und eine andere rückt in den Fokus. Wobei auf VDH-Ausstellungen keine Welpen verkauft werden. Der sinnvolle Weg führt über den Erstkontakt zum Züchter auf der Hundeschau, über mindestens einen Besuch hin zur konkreten Kaufentscheidung. Die Anschaffung eines Hundes sollte nie spontan zwischen Tür und Angel entschieden werden.

Die Qual der Wahl

Bei der Auswahl der Rasse gibt es einige Punkte, die wichtig sind:

> Soll es ein kleiner, ein mittelgroßer oder ein großer Hund sein?
> Ist kurzes, mittellanges oder langes Fell gewünscht?
> Werden Fitness und sportliche Eignungen vorausgesetzt?
> Warten spezielle Aufgaben auf den Hund? Soll er Schafe hüten, Haus und Hof bewachen, als Jagdgefährte taugen, Schlitten ziehen oder vor allem ein Gesellschafter sein?

Das klingt wie ein Hund auf Bestellung und doch ist es wichtig, sich diese Fragen

Gut beraten

Hilfreich ist es, sich nicht ausschließlich mit Züchtern, sondern mit langjährigen Besitzern der Rasse zu unterhalten. Auch ein Beratungsgespräch mit einem verhaltenstherapeutischen Tierarzt und der Besuch einer guten Hundeschule mit viel Erfahrungspotenzial sind aufschlussreich.

Schapendoes sind lebhafte Familienhunde, die Abwechslung und Action lieben.

zu stellen. Denn von ihnen hängt es letztendlich ab, ob die Zukunft für Hund und Halter rosig oder düster aussieht. Denn viele Hunde landen im Tierheim, weil ihre Anschaffung zuvor ohne Überlegung erfolgte und ihr Anforderungsprofil den Hundehalter überforderte. Immerhin zielen die Fragen auf den Lebensstil des zukünftigen Hundehalters ab und den wird er nicht für seinen Hund von Grund auf ändern wollen. So eignen sich kleine Hunde eher für eine Etagenwohnung als Riesenrassen, denen tägliches Treppensteigen nicht so gut bekommt. Kurzhaariges Fell erfordert weitaus weniger Pflegeaufwand als langes Fell und manche Hunde sehen nur gepflegt aus, wenn man ihr Fell regelmäßig trimmt, was ebenfalls viel Zeit in Anspruch nimmt. In sportlichen Haushalten fühlen sich bewegungsfreudige Hunde wohler als gemütliche Zeitge-

nossen. Und wenn man einen Hund für ganz spezielle Aufgaben sucht, macht es Sinn, auch einen auszuwählen, der die entsprechenden Fähigkeiten mitbringt.

Abgabealter

Das Wichtigste vorab: Ein für alle Hunde geltendes, ideales Abgabealter gibt es nicht. Aber ein Gesetz: Laut Tierschutzhundeverordnung dürfen Welpen in Deutschland erst dann von ihrer Mutter getrennt werden, wenn sie über acht Wochen alt sind. Ob das allerdings auch der optimale Zeitpunkt für den Einzug ins neue Heim ist, hängt von verschiedenen Faktoren ab. Zum einen von der Situation im Züchterhaushalt, zum anderen auch von der Erfahrung und den Lebensumständen des Welpenkäufers. Manche Welpen gewöhnen sich in diesem Alter problemlos an ihr neues Leben, andere reagieren negativ auf die

Ein Chow-Chow-Welpe.

frühe Trennung von Mutter und Wurfgeschwistern. Die meisten seriösen Züchter geben Welpen erst im Alter von neun bis zwölf Wochen ab. Abhängig von der Rasse und von den Regelungen der Zuchtbuch führenden Vereine.

Die Devise lautet „Warten"

Das bedeutet für den zukünftigen Hundebesitzer: Warten. Das fällt schwer – verständlich. Aber es zahlt sich aus. Der Welpe durchlebt in den ersten Lebenswochen für sein späteres Sozialverhalten wichtige Entwicklungsphasen, die Mutter und Wurfgeschwister beeinflussen. Davon profitiert der zukünftige Besitzer, weil sein Hund keine Verhaltensprobleme aufweisen wird, die einer frühen Trennung zuzuschreiben wären. Außerdem gibt es mehr Zeit für Besuche beim

Züchter, die ermöglicht, den Welpen zu finden, der am besten zu einem passt. Zu spät sollte der Umzug des Welpen nach Möglichkeit jedoch auch nicht erfolgen. Denn das könnte sich wiederum nachteilig auf den Erfahrungsschatz des Hundes auswirken. Kaum ein Züchter kann alle Welpen ausreichend sozialisieren, denn dann müsste er mit jedem Welpen alleine losziehen, um die Umwelt zu erkunden. Und das ist illusorisch, wenn die Wurfkiste voller Jungspunde ist. Wobei nichts gegen eine Übernahme mit zehn oder zwölf Wochen spricht, wenn der neue Besitzer vorher oft zum Züchter fährt und dort bereits alleine erste Ausflüge mit dem Hund unternimmt. Wohnt er zu weit entfernt, ist also eine frühere Übernahme sinnvoll, weil das der Sozialisation zugute kommt.

Herkunft des Hundes

Vom Züchter? Aus dem Tierheim? Aus dem Ausland? Es gibt viele Möglichkeiten, an einen Hund zu kommen und jeder zukünftige Hundehalter sollte sich sehr genau überlegen, für welche Herkunft er sich entscheidet.

Vorsicht vor Dumpingpreisen

Skepsis ist angebracht, wenn Hunde zu Dumpingpreisen oder gleich fünf, zehn oder mehr Rassen auf einmal angeboten werden. Für 250 oder 350 Euro pro Welpe kann kein seriöser Züchter die Kosten für die Aufzucht decken. Selbst für 500 Euro ist das schwer. Wenn Hunde so günstig angeboten werden, hat das meistens einen tragischen Hintergrund: Katastrophale Aufzuchtbedingungen in Hinterhöfen, Kellern oder umgebauten Scheunen sind hinlänglich bekannt. Massenzuchten, in denen Hündinnen als Gebärmaschinen missbraucht und nach wenigen Jahren entsorgt werden. Welpen, die gesetzeswidrig bereits im Alter von fünf oder sechs Wochen von der Mutter getrennt werden. Keine Entwurmungen und Impfungen, dafür aber

Seriöse Züchter investieren viel Zeit, Knowhow und Geld in die Aufzucht ihrer Hunde.

gefälschte Impfausweise und fragwürdige Gesundheitszeugnisse. Und oft sogar ansteckende Krankheiten, die in der Massenzucht kursieren. Da bleiben auch die frühe Sozialisation und Gewöhnung an ganz normale Umweltreize auf der Strecke. Und mit ihnen die vermeintlich günstige Anschaffung des Rassehundes. Denn der kostet nicht selten schon innerhalb des ersten Lebensjahres ein Vielfaches seines Kaufpreises an Tierarztkosten. Das schmerzt, vor allem emotional, denn schließlich gewinnt man den gepeinigten Vierbeiner lieb. Gut, dass er nun in guten Händen lebt, mag man denken und vordergründig ist das so. Tatsächlich aber unterstützt jeder Kauf eines aus unseriösem Hundehandel stammenden Hundes das skrupellose Geschäft von Vermehrern, die vom Mitleid ihrer Käufer bestens leben. Umso besser der Profit mit der Billigware Hund läuft, desto öfter müssen die Gebärmaschinen ran. Solange Tierschutzgesetze in diesem Bereich nicht effektiv greifen, ist die einzige Möglichkeit, diesem hundefeindlichen Treiben entgegenzuwirken, keinen Hund dort zu kaufen. Auch wenn es schwer fällt. Es gibt sinnvollere Möglichkeiten, etwas Gutes für Hunde zu tun, denen es schlecht geht, und die nicht aktiv für eine rege Nachproduktion sorgen.

Eine frühe Sozialisation und Gewöhnung an Umweltreize ist wichtig für die Welpen.

Aber all das Neue macht auch müde.

Ein Blick ins Tierheim

Wer ein gutes Werk tun will, entscheidet sich für einen Hund aus dem Tierheim oder von einer Notfallvermittlung der Zuchtverbände. Aber nur dann, wenn er dieser Aufgabe auch gewachsen ist. Das bedeutet, mit eventuell auftretenden Verhaltensauffälligkeiten wie Angst, Angstaggression, Verlustangst, Unsauberkeit oder einem extremen Jagdtrieb dauerhaft umgehen zu können. Nicht alle Hunde aus Tierheimen und dem Tierschutz sind problematisch. Aber sie haben eine Vorgeschichte, auf die sich der neue Besitzer einstellen muss.

Verantwortungsvolle Züchter

Ist ein möglichst geringes Problemrisiko gewünscht, gilt die Suche einem verantwortungsvollen Züchter. Bei der Überprüfung der Qualität ist genaues Nachfragen und ein angemeldeter Besuch völlig legitim. Ein seriöser Züchter gibt ehrlich Auskunft über seine Zuchterfahrung und öffnet ernsthaften Interessenten gerne die Tür. Und wenn dann alle Punkte der nebenstehenden Checkliste mit einem Häkchen versehen sind, ist die Welpensuche auf jeden Fall vielversprechend. Dass kein Züchter eine Garantie auf seine Hunde geben kann, ist klar. Doch zumindest versucht er, gute Voraussetzungen zu schaffen.

Check   Zuchtstätte

> Die Zuchthündin macht einen gesunden und zufriedenen Eindruck.

> Die Welpen sind gesund, munter, aufgeschlossen und angstfrei.

> Die Zuchtstätte ist sauber und gepflegt.

> Die Hunde haben Familienanschluss, Auslaufmöglichkeiten und eigene Bereiche.

> Der Züchter informiert sich, ob der Interessent die Voraussetzungen für die Haltung eines Hundes hat.

> Die Hunde werden nachweislich geimpft und entwurmt.

> Der Züchter gehört zu einem Zuchtverband, dem Gesundheit und Wesen der Hunde wichtig sind und der die Umsetzung dieser Ziele auch kontrolliert.

> Der Züchter gibt bereitwillig Antwort auf alle Fragen.

> Der Züchter hat ein VDH-Gütesiegel – das Zeichen kontrollierter züchterischer Qualität.

> Es gibt einen juristisch korrekten Kaufvertrag.

Rüde oder Hündin?

Sie will unbedingt einen Rüden. Er eine Hündin. Oder umgekehrt. Das Geschlecht des zukünftigen Hundes hat schon in vielen Familien für hitzige Diskussionen gesorgt.

Läufigkeit und Liebeskummer

Dieses Thema ist fruchtbarer Boden für gängige Behauptungen: Hündinnen sind anschmiegsamer, Rüden raufen, Hündinnen machen immer gleich Ernst, Rüden sind die besseren Beschützer und stehen deshalb bei Frauen hoch im Kurs. Ob diese Klischees wirklich helfen, die richtige Entscheidung zu fällen, sei dahingestellt. Sicher ist jedenfalls: Auf manche Hunde treffen sie tatsächlich zu, auf andere aber überhaupt nicht. Was bei der Frage „Männlein oder Weiblein?" viel wichtiger ist, sind ganz praktische Überlegungen. Ist man bereit, ein- bis zweimal pro Jahr mit der Hitze der Hündin umzugehen? Sie setzt meistens zum ersten Mal zwischen dem sechsten und zwölften Lebensmonat ein. Manche Hündinnen setzen bereits Wochen vor der Läufigkeit vermehrt Urin ab. Sie markieren und sind voll und ganz darauf konzentriert, einen geeigneten Partner zu finden. Bei allen setzt ein blutig-wässriger Scheidenausfluss ein, der nach circa zwei Wochen blasser wird. Nach rund drei Wochen ist die Hitze vorbei. Indirekt gibt es allerdings auch bei Rüden Hitzeprobleme. Einige Vertreter der männlichen Zunft reagieren auf die Duftmarken läufiger Hündinnen mit Ungehorsam, plötzlicher Tendenz zum Streunen, Nahrungsverweigerung oder nächtelangem, kläglichem Jammern hinter der Haustür. Auch das macht keinen Spaß.

Kastration

Ganz sicher kommt auch einmal das Thema Kastration zur Sprache. Und schon wieder steckt der Hundehalter mitten drin in einem Pro und Contra, das er am besten gemeinsam mit seinem Tierarzt entscheidet. Gründe für Kastrationen gibt es viele: Gesundheitliche Risiken und Verhaltensauffälligkeiten sind dabei sicherlich die häufigsten. Eine Alternative zur Kastration ist das

Einsetzen eines Implantats, das bis zu einem Jahr lang eine Kastration simuliert. Die Wirkstoffe, die unter der Haut des Hundes frei gesetzt werden, sind ein „GnRH-Analog" und machen Hündinnen und Rüden vorübergehend unfruchtbar. Die synthetisch hergestellten Imitate des Gonadotropin Releasing Hormons stammen aus der Prostatakrebstherapie beim Menschen. Der Vorteil gegenüber einer Kastration ist, dass GnRH einfach abgesetzt werden können, wenn sich z. B. herausstellt, dass das aggressive Verhalten eines Rüden doch nicht am zu hohen Testosteronspiegel lag. Nebenwirkungen können jedoch, genau wie nach einer Kastration, auftreten: Mehr Appetit, Gewichtszunahme, dünnes Fell und Harninkontinenz kommen vor, verschwinden jedoch nach dem Absetzen des Präparats. Und eine Kastration ist auch nicht ohne Risiken. Individuelle Lösungen lassen sich am besten in Absprache mit dem Tierarzt finden.

Bei dieser Malinois-Hündin und dem Weißen Schäferhund-Rüden ist der Unterschied zwischen den Geschlechtern sehr deutlich.

Kennzeichnungspflicht

Für den eigenen Besitzer ist ein Hund natürlich unverkennbar. Bei Fremden herrscht hingegen Ratlosigkeit, wenn ein herrenloser Vierbeiner ohne Kennzeichnung durch die Straßen irrt.

Registrierung durch einen Chip

Heute werden die meisten Hunde durch einen Mikrochip gekennzeichnet, der sich unter der Haut verbirgt und dessen Transpondernummer mithilfe eines elektronischen Lesegeräts ermittelt werden kann. Für Reisen innerhalb der Europäischen Union (EU) ist der Chip seit dem 2. Juli 2011 sogar vorgeschrieben. Tierärzte, Tierheime und Grenzbeamte sind mit entsprechenden Lesegeräten ausgestattet. Entgegen landläufiger Vorurteile belastet ein Chip den Hund in keiner Weise. Er ist ein inaktives Implantat, das keine Strahlung aussendet. Auch sind angeblich lebensbedrohliche Wanderungen des Chips durch den Hundekörper dem Reich der Legenden zuzuordnen.

Früher wurden die Hunde durch eine Tätowierung im Ohr gekennzeichnet. Nachteile hierbei sind die Verblassung der Nummer und eine schlechte Lesbarkeit auf dunkel pigmentierter Haut.

Haustierregister

Eine Kennzeichnung ist aus verschiedenen Gründen wichtig: So ermöglicht sie, einen entlaufenen Hund eindeutig seinem Besitzer zuzuordnen. Vor allem dann, wenn die Nummer beim zentralen Haustierregister TASSO oder dem Haustierregister des Deutschen Tierschutzbundes registriert ist.

Implantation

Nach der Implantation sollte man für eine halbe Stunde das Halsband ablassen. Danach ist der kleine Eingriff vergessen.

Wichtig ist lediglich, dass der implantierte Chip dem ISO-Standard entspricht. Dieser Standard schreibt einen 15-stelligen Nummerncode vor, wie auch eine eindeutige Zuordnung der Nationalität des Hundes. Mikrochips aus den USA verwenden ein anderes Format als das in der EU übliche System. Das kann bei Reisen zu Problemen führen. Sicherheitshalber vor der Reise über die Einreisebestimmungen für US-Hunde informieren.

Verhalten
und Kommunikation

Die Entwicklungs-phasen

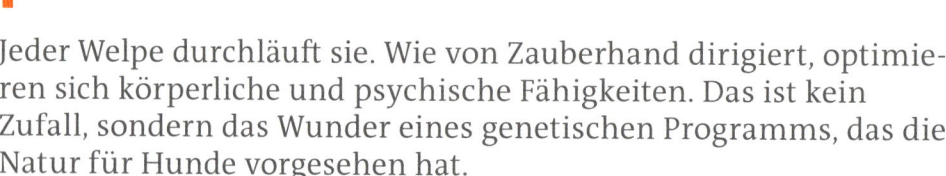

Jeder Welpe durchläuft sie. Wie von Zauberhand dirigiert, optimieren sich körperliche und psychische Fähigkeiten. Das ist kein Zufall, sondern das Wunder eines genetischen Programms, das die Natur für Hunde vorgesehen hat.

Neonatale Phase

Die erste und zweite Lebenswoche bilden die erste Entwicklungsphase – auch neonatale Phase genannt. In dieser Zeit ist der Körper des Welpen auf das Erspüren von Wärme ausgerichtet und der Kopf pendelt bei Bewegungen leicht hin und her. Beides ist wichtig für das Überleben des schutzbedürftigen Neugeborenen. Auf der Suche nach Körperwärme bleibt er in der sicheren Wurfkiste, wo es zwischen den Geschwistern herrlich kuschelig ist. Die Pendelbewegungen des Kopfes helfen beim Finden der mit Milch gefüllten Zitzen und sind somit eine Grundvoraussetzung für das Überleben. Doch der eigentliche Wegweiser ist der Geruchssinn. Denn der ist – ebenso wie der Geschmackssinn – bereits jetzt ausgebildet. An der Gesäugeleiste der Mutterhündin wird ein Pheromon gebildet, das bereits im Fruchtwasser vorlag. Da der Nachwuchs schon in der Gebärmutter riechen kann, erkennt er diesen Duft draußen sofort wieder.

Kuscheln mit den Wurfgeschwistern

Gemeinsam sind wir stark! Was sollte einer Abenteuertour im Wege stehen?

Übergangsphase

Die dritte Lebenswoche ist eine Übergangsphase und der zweite große Entwicklungsschritt im Leben eines Welpen. In diesen Tagen geschehen viele wunderbare Dinge: Der Welpe beginnt, auf Geräusche zu reagieren und sich umzublicken, denn er kann nun Hören und Sehen. Auch die Wärmeregulation funktioniert nun ohne kuschelnde Wurfgeschwister. Ein Freifahrtschein für Abenteuertouren außerhalb des mütterlichen Nests. Kot und Urin werden aus eigener Kraft abgesetzt und die Muskelkoordination verbessert sich. Höchste Zeit, für erste neugierige Schritte in die Umwelt. Schließlich gibt es dort viel Spannendes zu entdecken. Jetzt ist der optimale Zeitpunkt, um mit dem Stubenreinheitstraining zu beginnen. Bietet der Züchter seinen Welpen nun in kleinen Kisten natürlichen Untergrund an oder hat die Möglichkeit, sie nach draußen zu bringen, werden die Welpen später schneller stubenrein.

Sozialisationsphase

Um den 21. Lebenstag herum beginnt die Sozialisationsphase des Welpen, die – genau wie die beiden zuvor beschriebenen Phasen – zu den drei sensiblen Phasen der Entwicklung gehören. Bis zur 12. oder 14. Lebenswoche erstreckt sie sich und hält Züchter und später auch den neuen Besitzer des Welpen ganz schön auf Trab. Denn in dieser Phase bildet sich die Basis für das zukünftige Verhalten des Hundes. Lernt der Welpe jetzt, in angemessenem Maß und unter sicheren Bedingungen, viel kennen, profitiert er ein Leben lang davon. Zwischen der dritten und fünften Lebenswoche sind Welpen auffallend angstfrei. Das hat nicht etwa mit dem Übermut einer unreifen Rasselbande zu tun, sondern mit der körperlichen Entwicklung. In dieser Zeit beherrscht der Bereich des Nervensystems das Stimmungsbarometer, der für Entspannung zuständig ist und die erregungsbedingte Beschleunigung des Herzschlags verhindert. Reize, die Welpen nun kennenlernen, werden auch zukünftig mit Entspannung verknüpft. Sie sind ein wichtiger Teil der Geborgenheitsgarnitur, die dafür sorgt, dass sich der Hund wohl und sicher fühlt, sobald diese Reize vorhanden sind. Hunde, die aus Hausaufzuchten stammen, empfinden häusliche Reize als beruhigend und gewöhnen sich schneller daran, alleine im Haus zu bleiben.

Sammeln von Eindrücken

Welpen sollten während der Sozialisationsphase viel lernen, allerdings sind Übertreibungen zu meiden. Ansonsten kommen die Hunde angesichts der nicht enden wollenden Reizflut nicht mehr zur Ruhe. Wichtig: Die aktiven Phasen des Welpen nutzen und immer in kleinen Schritten vorgehen. Zu lernen gibt es genug: Andere Hunde, fremde Menschen, unbekannte Haustiere, Autos, Autofahren, die Tierarztpraxis, Kinder, unterschiedliche Bodenbeläge, das Brummen des Staubsaugers, Radios, Fernseher, Aufzüge und viel mehr sollte nun auf dem in viele kleine Schritte unterteilten Trainingsplan stehen. Ziel des Ganzen ist ein selbstbewusster Umgang mit unterschiedlichen Situationen und Bindungsfähigkeit. Beides sind wichtige Voraussetzungen für ein harmonisches Zusammenleben von Mensch und Hund.

Vorsicht vor Neuem

Markante Punkte dieser Entwicklungsphase sind neben dem plötzlichen Aufkommen von Durchsetzungsvermögen gegenüber den Wurfgeschwistern, einer Facette des Aggressionsverhaltens, auch erste Anzeichen von Angst. Dabei ist Angst hier nichts Negatives, sondern der sinnvolle Gegenspieler neugierigen Erkundungsdrangs, der mit der fünften Lebenswoche einsetzt. Sie schützt den Welpen vor Risiken und wird ihn ein Leben lang als stiller Berater begleiten.

Entwicklungsphasen

1. und 2. Lebenswoche > Neonatale Phase
3. Lebenswoche > Übergangsphase
4. bis 12./14. Lebenswoche > Sozialisierungsphase

Der große Tag

Ein Hund zieht ein und die Emotionen steigen. Doch jetzt heißt es kühlen Kopf bewahren, damit die Eingewöhnung gut verläuft.

Ankunft im neuen Heim

Welpen, die mitten in der Sozialisierungsphase stecken, sind ein Full-Time-Job. Vor allem dann, wenn es fünf, acht oder sogar noch mehr sind. Sie alle zu beschäftigen und optimal an ihre Umwelt zu gewöhnen, fällt schwer. Ein guter Zeitpunkt also, die kleinen Draufgänger in ihr neues Zuhause zu entlassen, wo jeder von ihnen all die Zeit und Aufmerksamkeit erhält, die er braucht.

Laut Tierschutzhundeverordnung ist der früheste Zeitpunkt der Abgabe die vollendete achte Lebenswoche. Und tatsächlich sind Welpen mit Beginn der neunten Woche oft schon reif für den Aufbruch in ein neues Leben.

Die meisten Welpen ernähren sich seit der sechsten Lebenswoche auch ohne Mutters unerschöpfliche Milchbar. Die aufopfernde Zuwendung der Mutterhündin wandelt sich bis zum Beginn der

Erstmal ein Schläfchen und dann das neue Zuhause erkunden!

Check

„Der erste Tag"

> Transportbox mit Decke für die Abholung vom Züchter (vorausschauende Züchter gewöhnen ihre Welpen vorab spielerisch an den Aufenthalt in der Box)

> eine Rolle Küchenpapier für möglich Zwischenfälle

> verstellbares Halsband (am besten kostengünstiges Nylon) mit passender Leine

> Futter- und Wassernapf

> Nahrung, die der Welpe gewöhnt ist (wird oft vom Züchter gestellt)

> Hundedecke oder -bett

> Welpenspielzeug

> weiche Bürste für die Gewöhnung an Fellpflege

> ein Objekt aus dem Welpenhaushalt im neuen Heim platzieren; z. B. ein Liegekissen, das vorher beim Züchter abgegeben wurde. Der vertraute Geruch beruhigt den Welpen.

neunten Lebenswoche in ein zunehmend harsches Verhalten. Die Kleinen brauchen jetzt ihre Autorität, um Grenzen zu erlernen. Und genau an diesem Punkt springt der neue Besitzer ein. Er muss nun fortsetzen, was in den ersten Wochen beim Züchter begann. In der Regel gewöhnen sich Welpen problemlos innerhalb weniger Tage an ihr neues Heim. Vorausgesetzt, sie spüren Zuneigung und Geborgenheit. Darüber hinaus gibt es Dinge, die in keinem Welpenhaushalt fehlen dürfen. Hier die wichtigsten – von Abholung bis Ankunft – im Check zusammengefasst.

Ein English Setter-Welpe voller Entdeckergeist.

Welpengruppen

Eine Welpengruppe ist die nächste wichtige Station im Leben eines Hundes, um Sozialverhalten mit Artgenossen zu lernen.

In einer Welpengruppe geht es um Kontakte zu gleichaltrigen Hunden und um Erfahrungswerte, von denen Hund und Halter später jahrelang profitieren. Allerdings nur dann, wenn die Leitung der Welpengruppe in erfahrenen Händen liegt. Das heißt: ein Hundetrainer pro Gruppe von maximal sechs Welpen. Er achtet darauf, dass die Welpen annähernd gleich alt sind und auch konstitutionell zueinander passen. Mobbing innerhalb der Hundegruppe lässt er nicht zu. Stattdessen legt er Wert auf ein ausgewogenes Spiel.

Der Kontakt zu gleichaltrigen Welpen ist wichtig für die Entwicklung des Sozialverhaltens.

Welpen sollten andere Rassen kennen lernen.

Spielerisches Raufen ist o.k., Mobbing tabu.

Natürlich bezieht er die Besitzer der Hunde mit ins Training ein, weil sie in dieser Phase oft ebenso viel lernen müssen wie ihr Vierbeiner.

Verschiedene Rassen

Es ist ratsam, eine Welpengruppe auszuwählen, die Hunde unterschiedlicher Rassen betreut. Auf Artgenossen der eigenen Rasse ist der Welpe sozialisiert. Jetzt muss er gleichaltrige Hunde verschiedenster Typen kennenlernen, die nicht nur anders aussehen, sondern sich auch anders verhalten. Kontakt zu älteren Hunden kann keine Welpengruppe ersetzen. Die für die aktuelle Entwicklungsphase wichtigen Erfahrungen können nur mit Hunden gleichen Alters gesammelt werden. Fehlen sie, können später Verhaltensprobleme auftreten.

Die Örtlichkeit

Abgesehen von der gut durchdachten Zusammensetzung der Gruppe ist der Ort wichtig, an dem die Welpen spielen dürfen. Das „Klassenzimmer" der Welpen ist im Idealfall ein abgesicherter Bereich, der Umweltreize und Herausforderungen bietet. Variierende Untergründe, ein Becken voller kunterbunter Plastikbälle, ein Slalompfad aus aufgehängten, klappernden Blechdosen, ein Agility-Tunnel, raschelnde Flatterbänder, Knisterfolien… – umso einfallsreicher der Trainingsparcours, desto mehr lernen die Welpen. Diese Reize sollten wohl dosiert angeboten werden, um eine Überforderung der Welpen zu vermeiden. Manchmal verlässt die Welpengruppe auch die gewohnte Umgebung, um gezielt an Situationen wie den Besuch

Vertraute Kontaktaufnahme

eines Einkaufszentrums oder den Straßenverkehr gewöhnt zu werden. Auch der Erstkontakt zu Kühen, Pferden, Schafen und anderen Tieren lässt sich bei gemeinsamen Ausflügen der Welpengruppe meistern. Um eine gute Welpengruppe zu finden empfiehlt es sich, vor der Anmeldung ohne Hund vorbeifahren und sich alles ansehen.

Mythos Impfung

Es ist nicht richtig, dass Welpen aufgrund des Impfschutzes erst ab der zwölften Woche eine Welpengruppe besuchen können. Moderne Impfstoffe ermöglichen, dass sie sofort nach der Übernahme durch den neuen Besitzer hinaus dürfen. Ungeimpfte Welpen haben in einer Welpengruppe jedoch nichts verloren.

Check

Welpengruppe

> die Welpen sind in etwa gleich alt

> jeweils ein Trainer für maximal sechs Hund-Halter-Teams

> der Trainer kann nachweisen, dass er sich regelmäßig fortbildet

> es herrscht ein freundlicher Umgangston

> der Hundehalter fühlt sich wohl

> der Kurs findet auf einem abgesicherten Gelände statt

> das Gelände bietet Abwechslung (z. B. Tunnel, wechselnde Untergründe etc.)

> der Kursleiter achtet auf ein ausgewogenes Welpenspiel

> der Hundehalter wird mit einbezogen

> der Trainer gibt Erziehungstipps

> gezielte Ausflüge runden das Angebot ab

> das Vorlegen des Impfausweises ist Pflicht

Beißhemmung

Menschen sind keine Kau-Spielzeuge und deshalb ist herzhaftes Hineinzwicken oder gar Beißen tabu.

Der Zoologe Konrad Lorenz befasste sich bereits Mitte des letzten Jahrhunderts mit der Beißhemmung des Hundes und anderer Tierarten und viele weitere Vertreter der klassisch vergleichenden Verhaltensforschung folgten seinem Beispiel. Heute bewegt weniger die Tatsache, dass überlegene Artgenossen auf Demutsgesten eines Unterlegenen mit Schonung reagieren können, sondern vielmehr die gezielte Kontrolle der Kraft, mit der ein Hund zubeißt. Ohne Beißhemmung wäre jedes Spiel ein brandgefährlicher Akt und der tägliche Umgang mit dem Hund für die ganze Familie ein unkalkulierbares Risiko. Doch woher weiß ein Hund, wo die Grenze zwischen Spiel und Ernst ist?

Übung im Welpenspiel

Bei seiner Geburt weiß er es noch nicht. Denn die Beißhemmung entsteht durch einen Lernprozess. Der beginnt beim Spiel der Welpen untereinander. Bohren sich die nadelspitzen Zähne in das Fell

des anderen, ist lautes Quietschen gewiss. Das erschreckt den Draufgänger und er lässt los, weil er damit rechnet, dass der andere nach dem Aufschrei zurückbeißt. Welpen lernen beim täglichen Miteinander, wann die Schmerzgrenze der anderen erreicht ist. Dabei festigt sich die Beißhemmung, die auch später gefahrloses Spielen ermöglicht.

Die Beißhemmung muss erlernt werden.

Spiel mit dem Mensch

Die Beißhemmung gegenüber Menschen ist ebenfalls erlernt. Und deshalb ist es so wichtig, dem Welpen von Anfang an klare Grenzen aufzuzeigen. Festes Zubeißen ist nicht erlaubt, in keiner Situation, auch wenn ein wenige Wochen alter Hund nicht bedrohlich wirkt. Es gibt verschiedene Wege, die Beißhemmung zu festigen. Was meist ausreicht ist, das Drohverhalten eines erwachsenen Hundes nachzuahmen. Mit einem empörten „Auu" bricht man das Spiel ab. Die Trainingssituation lässt sich übrigens inszenieren, indem der Hundehalter mit seinem Welpen ein Spiel beginnt und dabei die Erregung gezielt steigert, bis

Kontrolliertes Spiel mit Lerneffekt

der Hund gröber wird. Dann alles mit einem Aufschrei beenden und das Spiel sofort abbrechen. Sollte das nicht ausreichen, unbedingt mit dem Leiter der Welpengruppe sprechen.

Wichtig: Hunde, die als Welpe keine Gelegenheit hatten, beim Umgang mit Artgenossen und Menschen kontrolliertes Beißen zu erlernen, können sich als problematisch und sogar gefährlich erweisen. Das gilt auch für Hunde, die schlechte Erfahrungen gemacht haben. In solchen Fällen sollte auf jeden Fall ein erfahrener Hundetrainer helfen, das Problem zu lösen.

Maßregelung durch ältere Hunde

Beim Erlernen der Beißhemmung geht es um gutes Benehmen – auch im Umgang mit älteren Hunden. Welpen lernen nur, andere Hunde korrekt zu lesen, wenn sie aufgrund von Fehlverhalten vom Älteren korrigiert werden. Wenn ein erwachsener Hund einen Jungspund maßregelt, ist er nicht verhaltensgestört, weil er den Welpenschutz missachtet. Den gibt es nicht, nur den Schutz der eigenen Verwandten und die Möglichkeit, unterwürfig zu kommunizieren. Genau das lernt der Welpe, wenn ihm ein älterer Hund klare Grenzen aufzeigt. Ein wichtiger Lernprozess für das spätere Leben.

Ausdrucksverhalten und Kommunikation

Hunde kommunizieren auf vielfältige Weise mit ihrer Umwelt. Hundehalter sollten die Körpersprache richtig deuten können.

Normalverhalten

Eines vorab: Es gibt Normalverhalten, aber nicht nur eine Variante. Allein die Vielzahl der Rassen bringt eine Vielzahl verschiedener Varianten mit sich. Alle Hunde mit Blick auf den Urvater Wolf über einen Kamm zu scheren, ist falsch und wissenschaftlich veraltet. Es gibt zwar Parallelen – wie das Bedürfnis, Sozialpartner zu haben und Ressourcen zu befriedigen –, aber Hunde sind nun mal keine Wölfe. Das Normalverhalten des Hundes wird eigentlich nur von einem einzigen Ziel bestimmt: die eigenen Gene an die nächste Generation weiterzugeben. Um die Fortpflanzung zu sichern, braucht der Hund allerdings bestimmte Ressourcen, vor allem Nahrung, Wasser und ein eigenes Territorium. Hinzu kommt, dass Hunde keine

Sozialpartner sind wichtig, um alle Facetten des normalen Hundeverhaltens auszuleben.

Rasse und Alter beeinflussen das Verhalten.

Einzelgänger sind. Sie benötigen Sozialpartner wie Artgenossen oder auch Menschen, die sie durchaus als solche anerkennen. Ohne diese Sozialpartner ist kein artgerechtes Hundeleben möglich. Eine Kettenhaltung oder eine ausschließliche Zwingerhaltung sind somit ebenso unangebracht wie die Isolation eines Hundes in einem separaten Raum im Haus. Eine artgerechte Haltung setzt immer Familienanschluss voraus.

Ressourcen

Ressourcen sind ein zentrales Thema im Alltag des Hundes und auch die hierarchischen Strukturen machen sich daran fest. Wer ganz oben steht, hat freien Zugang zu Ressourcen. Wobei Hunde dabei nicht nur an Fressbares denken. Ranghohe Gruppenmitglieder bestimmen, wann es Sozialkontakt gibt und wann nicht. Sie entscheiden, ob ein Spielzeug zum Einsatz kommt oder nicht. Sie beanspruchen strategisch wichtige Plätze im Haus. Wenn der Hund also stets Zugang zu Nahrung hat, selbst bestimmt, wann Zeit fürs Spiel oder Streicheleinheiten ist und auch noch auf einer Decke mitten im Wohnzimmer oder – alles überwachend – direkt hinter der Haustüre thront, dann kann es dazu kommen, dass er sich ganz weit oben in der Familienhierarchie fühlt. Und sollte das noch nicht der Fall sein, wird der Hund zumindest fleißig daran arbeiten (jedoch mal mehr, mal weniger stark ausgeprägt, abhängig von der individuellen Persönlichkeit des Hundes oder auch seiner Rasse). Der Hundehalter sollte jedenfalls stets auf der Hut sein, wenn er die Kontrolle der Regeln des Zusammenlebens nicht aus der Hand geben will. Der eine oder andere pfiffige Hund checkt den Stand der Dinge jedenfalls ununterbrochen und nutzt jede noch so kleine Lücke, um aufzusteigen. Für den Hundehalter bedeutet das: möglichst oft nacharbeiten und keine Nachlässigkeiten dulden. Das erfordert Disziplin, aber die Anstrengung lohnt.

Verhalten auf einen Blick

Hunde sprechen eine recht eindeutige Sprache und das ganz ohne Worte. Sie teilen sich über ihre Körpersprache, durch Duftstoffe, Lautäußerungen und durch Körperkontakt mit. Mimik und Gestik gehören zur Körpersprache und können rasseabhängig unterschiedliche Ausprägung haben.

Neutralhaltung
Entspannte Gelenke, eine neutral getragene Rute, ein ruhiger Blick: Der ganze Hund wirkt einfach locker.

Spielhaltung
Einfach typisch: die Vorderkörper-Tiefstellung. Eine übertriebene Mimik, und Gestik sowie viel Bewegungsluxus runden die Spielhaltung ab.

Erwartungshaltung
Augen und Ohren des Hundes sind auf das Ziel der Begierde gerichtet. Die maximale Vorwärtsstellung der Ohren ist in der Darstellung noch nicht erreicht. Der Körper wirkt in der Erwartungshaltung völlig entspannt.

Angsthaltung
Stark gewinkelte Gelenke, eine angewinkelte Rute – der Hund versucht alles, um seinen Körper kleiner erscheinen zu lassen. Zudem stehen alle Zeichen auf Rückzug. Zurückweisende Ohren und lang nach hinten gezogene Lefzen verheißen: Nichts wie weg hier!

Übergang zur Demutshaltung

*Dies ist die Steigerung des Angst-Ausdrucks-
verhaltens, in deren weiterer Verlauf die
Anspannung der Halsmuskulatur noch deut-
licher nachlässt. Auch die Gesichtsmimik
wird sich insgesamt noch weiter nach hinten
ziehen. Der Hund liegt auf dem Rücken, zeigt
ansonsten aber eine ähnliche Mimik wie bei
der Angsthaltung.*

Imponierhaltung mit Übergang zum Drohverhalten

*Durchgedrückte Gelenke und eine hoch erho-
bene Rute sind typisch für die Imponierhal-
tung. Wie auch das freundliche Gesicht, das im
deutlichen Kontrast zum eher unfreundlich
wirkenden Körper steht. Die Darstellung zeigt
den Übergang zum Drohverhalten, was am
fixierenden Blick und der angespannten Stirn-
muskulatur zu erkennen ist.*

Übergang zum sicheren Drohen

*Noch sind die Lefzen zurückgezogen und
geben viele Zähne frei. Sobald der Hund sicher
droht, verkürzen sich die Lefzen und formen
sich zu einem C. Dann ist nur der vordere
Bereich der Zähne zu sehen. Hinzu kommen
nach vorne gerichtete Ohren und nach innen
verspannte Stirnmuskeln. Wie auch eine
gerunzelte Nase. Der ganze Körper des Hundes, inklusive Rutenspitze – richtet sich auf
das Objekt aus, dem das Drohen gilt.*

Unsicheres Drohen

*Auch in dieser Situation versucht der Hund,
möglichst klein zu wirken. Er ist auf Rückzug
gepolt, spannt gleichzeitig aber die Gesichts-
muskulatur an und zeigt die Zähne. Die
Mundwinkel sind lang nach hinten gezogen,
v-förmig.*

Regeln tut es der Mensch

Innerhalb frei lebender Hundegruppen, z. B. bei Straßenhunden, stellen wiederum die Hunde selbst die Regeln auf. Es gehört zum Normalverhalten unter Hunden, Gruppen zu bilden und sich ein Territorium zu suchen. Innerhalb dieser Gruppe gibt es nur selten Konflikte, an den Grenzen des Territoriums jedoch schon. Dort kommt es zu aggressiven Auseinandersetzungen, die durchaus auch mit ernsthaften Verletzungen anderer Hunde einhergehen. Es gehört zum Normalverhalten, dass Hunde alles untereinander ausmachen wollen. Und da dieses völlig normale Verhalten auch im Alltag zu Beißereien unter Hunden

Spielregeln

Es ist ausgesprochen wichtig, dass der Mensch die Spielregeln im Zusammenleben mit dem Hund aufstellt. Die Umwelt wird von Menschen gestaltet, deshalb sollten dort auch menschliche Spielregeln gelten.

führen kann, ist es wichtig, dass Hundehalter andere Hundebesitzer immer fragen, ob ein Kontakt der Hunde erwünscht ist oder nicht. Hunde, die keinen Kontakt haben sollen, sind deshalb auch nicht automatisch verhaltensgestört. Es gibt Hunde, die nachvollziehbares Normalverhalten zeigen und mit anderen unverträglich sind.

Kontaktaufnahme? Gerne, aber nur, wenn es beide Hundehalter wünschen.

Lernverhalten und Erziehung

Grundlagen des Lernens

Gut erzogene Hunde stehen hoch im Kurs. Vielleicht so hoch wie nie zuvor. Und das ist gut so, denn ein Hund mit Manieren macht erst richtig Spaß.

Hunde lernen immer

Einen gut erzogenen Hund kann man fast überall hin mitnehmen, ohne negativ aufzufallen. Es hagelt Komplimente und das tut gut. Eine solide Erziehung bedeutet auch weniger Stress, denn wer will schon den lieben langen Tag an seinem Hund herumkorrigieren. Doch um einen Hund erfolgreich zu erziehen, bedarf es einiger Grundkenntnisse. Sein hundetypisches Lernverhalten ist der Schlüssel zum Erfolg. Hinzu kommt ein auf den Hund zugeschnittenes Training, das eine klare Struktur erfordert.

Ständig unter Beobachtung

Hunde passen ihr Verhalten immer der aktuellen Umweltsituation an. Erweist sich das Verhalten als geeignet, wird es beibehalten. Ist es ungeeignet, stellt es der Hund zumeist ein. Was angemessen erscheint und was eher unpassend,

Hunde beobachten uns Menschen und lernen immer, in jeder Situation.

Zwei Welten, die bestens zueinander passen.

hängt beim Familienhund auch stark von der Reaktion seines Besitzers ab. Er beobachtet sogar ganz genau, wie sein Halter oder die Umwelt auf bestimmte Verhaltensweisen reagiert. Und dieser Lernprozess findet ständig statt, nicht nur während des Trainings. Da Hunde generell darauf erpicht sind, möglichst gut durchs Leben zu kommen, passen sie sich durchaus gerne an. Zumindest dann, wenn es dafür einen Leckerbissen oder andere positive Bestärkungen gibt. Ein Zugewinn an Ressourcen beflügelt ihren Gehorsam. Hinzu kommt die Schadensvermeidung. Bloß kein unnötiges Risiko eingehen. Denn das könnte die Überlebenschancen mindern. Soweit die Grundtendenz des Lernverhaltens. Wobei auch die Rasse, die Lebenserfahrung und die aktuelle Lebenssituation

eine Rolle spielen, wenn es ums Ausloten lebenswichtiger Faktoren geht. Doch wie lernen Hunde nun eigentlich? Zum einen durch assoziatives Lernen, das heißt, Hunde verknüpfen Dinge miteinander. Zum anderen nicht assoziativ. Dann bestimmen Sensibilisierung oder Habituation, also Gewöhnung, den Lernprozess.

Habituation

Die Habituation nimmt im Welpenalter eine besonders wichtige Funktion ein: Umweltreize, die anfangs neutral besetzt sind, ignoriert der Hund zunehmend, weil er sich an diese Reize gewöhnt. Das Brummen des Staubsaugers gehört dann ebenso zu den ganz normalen Dingen des Alltags wie das Klingeln des Telefons oder ein vorbeidonnernder LKW. Reize, an die sich der Hund durch Habituation gewöhnt, sollten von ihm nicht mit Leckerchen verknüpft werden. Das gilt auch für ganz banale Alltagsbegebenheiten wie die Überquerung eines Gitterrostes oder das Überwinden einer Treppe. Das gut gemeinte Leckerchen verhindert in solchen Situationen sogar die Habituation. Wenn es sich also nicht um einen ausgesprochen ängstlichen Hund handelt, einfach souverän vorangehen. Der Hund wird folgen. Liegt extreme Ängstlichkeit vor, sollte ein Hundetrainer hinzugezogen werden.

Sensibilisierung

Bei der Sensibilisierung verhält es sich genau umgekehrt: Ergebnis dieses Lernens ist eine verstärkte Reaktion auf einen bestimmten Reiz. Das geschieht vor allem dann, wenn der Hund aufgrund einer Belastung schon in gesteigerter Alarmbereitschaft ist. Ursprünglich diente die Sensibilisierung dem Meistern einer gefährlichen Situation. Heute kann es für einen Hundehalter sehr unangenehm sein, wenn auf diesem Wege beispielsweise eine Geräuschempfindlichkeit entsteht.

Assoziatives Lernen

Beim assoziativen Lernen verknüpft der Hund zwei Ereignisse, die fast zeitgleich stattfinden. Der russische Physiologe Iwan Pawlow dürfte sich freuen, denn irgendwie dreht sich bei der flächendeckenden Forschung rund ums Lernen vieles um die von ihm Anfang des 20. Jahrhunderts erstmals eingehend analysierte Konditionierung. Allerdings nicht nur um die klassische Konditionierung, die den Pawlow'schen Hund beim Klang einer Glocke in freudiger Futtererwartung speicheln ließ und die auch die Grundlage des Lernprozesses beim Clickertraining bildet. Es geht ebenfalls um die operante Konditionierung, die sich wiederum gut anhand des Clicker-

trainings erklären lässt: Der Einsatz des Clickers dient nämlich der operanten Konditionierung, hinter der sich stets eine Entscheidungsmöglichkeit verbirgt. Der Hund entscheidet, ob er ein bestimmtes Verhalten zeigt oder nicht. Dass er den über die klassische Konditionierung aufgebauten Reiz des Clickers aber automatisch mit einer Belohnung verknüpft, geschieht ohne eine bewusste Entscheidung – wie das Speicheln beim Pawlow'schen Hund.

Bedürfnisse des Hundes

Hierbei kristallisiert sich Folgendes heraus: Um Lernziele zu erreichen, machen sich erfolgreiche Hundetrainer oft natürliche Bedürfnisse des Hundes zunutze. Futter, Komfort und Gesellschaft heißen die Antriebsfedern, die Hunde schneller lernen lassen. So auch beim Lernprozess, der den Hund das Geräusch des Clickers mit einer Futter- oder Spielbelohnung verknüpfen lässt – einer klassischen Konditionierung. Erfolgt eine operante Konditionierung, zeigt der Hund innerhalb des Trainings ein bestimmtes Verhalten und erhält darauf eine Reaktion aus der Umwelt. Verbucht der Hund das Verhalten aufgrund der Reaktion als Erfolg, wird er es öfter zeigen. Bei einem Misserfolg zeigt er es seltener oder gar nicht mehr.

Im Gegensatz zur klassischen Konditionierung zeigt der Hund bei operanter oder instrumenteller Konditionierung, Verhaltensweisen, die er willentlich steuern kann. Das ist beispielsweise beim freien Formen der Fall: Dabei wartet der Hundehalter ab, bis der Hund zufällig eine erwünschte Verhaltensweise zeigt und bestärkt diese dann mit dem Clicker und einer Belohnung. Der Ablauf der operanten Konditionierung ist immer gleich:

1. Handlung des Hundes
2. Reaktion aus der Umwelt
3. Konsequenzen für die Zukunft

Die Strafe

Bei der Reaktion aus der Umwelt kann es sich auch um eine Strafe handeln. Sie soll unerwünschtes Verhalten reglementieren. Und der Erfolg stellt sich nur beim korrekten Einsatz ein. Eine tiergerechte Erziehung ist hierbei ebenso wichtig wie ein tiergerechter Umgang. Dennoch muss eine Strafe stark genug sein, um eine unerwünschte Handlung zuverlässig zu verhindern und sie sollte schnell (innerhalb ein bis zwei Sekunden)

Das schmeckt! Ein Leckerchen ist eine positive Belohnung, die Verhaltensweisen festigt. (o.) Doch nicht jeder Hund lernt damit am besten. Manchmal ist das Lieblingsspielzeug weitaus wirkungsvoller.

erfolgen, damit der Hund den Zusammenhang zwischen Fehlverhalten und Strafe auch erkennt. Es nützt nichts, den Hund zu maßregeln, weil beim Heimkommen auffällt, dass er den Teppichboden angeknabbert hat. Strafen wirken nur dann, wenn sie konsequent immer beim Auftreten eines unerwünschten Verhaltens erfolgen und nicht nach Lust und Laune.

Lobwort und Abbruchsignal

Hunde lernen am besten durch positive Belohnung und negative Strafen. Beides lässt sich gut mit einem antrainierten Lobwort und einem Abbruchsignal verknüpfen. Welche Belohnung letztendlich die wirksamste für einen Hund ist, hängt von seinen individuellen Eigenschaften und auch seiner Rasse ab. Während es bei der Erziehung des Hundes völlig in Ordnung ist, etwas Angenehmes

Ivan weiß genau, was jetzt kommt.

Positive, negative Belohnung und Strafe

> **Positive Belohnung:** etwas Angenehmes wird zugeführt
> **Negative Belohnung:** etwas Unangenehmes wird weggenommen
> **Positive Strafe:** etwas Unangenehmes wird zugeführt
> **Negative Strafe:** etwas Angenehmes wird weggenommen

einzustellen – also, beispielsweise kein Leckerchen zu geben, wenn der Hund rebelliert –, sollten positive Strafen, bei denen dem Hund etwas Unangenehmes zugeführt wird, nur von einem Profi eingesetzt werden. Warum? Weil das richtige Maß der positiven Strafe für die meisten Hundehalter schwer einzuschätzen ist. Fehleinschätzungen können dem Hund schaden oder sogar

Und reagiert sofort, als das Signal erfolgt.

Wie Hunde lernen

Hunde lernen vor allem durch die Verknüpfung von einzelnen Ereignissen (Assoziation). Aber auch durch Gewöhnung (Habituation). Bei der Gewöhnung lernt der Hund, einem bestimmten Reiz keine Beachtung mehr zu schenken. Das Gegenteil hiervon ist die Sensibilisierung. Hierbei wird eine gesteigerte Verhaltensweise durch ein bestimmtes Signal ausgelöst.

nachhaltig die Beziehung zwischen Hund und Halter belasten. Deshalb sollte man sich stets professionelle Hilfe holen, wenn der Hund Problemverhalten zeigt. Schmerzen sollten Hundehalter ihrem Tier grundsätzlich nie zufügen.

Konditionierung

Gibt es bei der Hundeausbildung häufige, regelmäßige Wiederholungen von Assoziationen, findet eine Konditionierung statt. Hierbei verankern sich die Assoziationen fest im Gehirn des Hundes und gehen in sein Langzeitgedächtnis ein. Bestimmte Reaktionen lassen sich durch antrainierte Signale abrufen. Man unterscheidet zwei Formen der Konditionierung:

> Die klassische Konditionierung: Hierbei kommt es zur Verknüpfung von zwei Signalen. Die Assoziation gelingt nur, wenn die beiden Signale fast zeitgleich auftreten.

> Die operante bzw. instrumentelle Konditionierung: Hierbei verknüpft der Hund sein Verhalten mit der Reaktion aus der Umwelt. Der Reiz, der dieses Verhalten später gezielt auslöst, wird über die klassische Konditionierung hinzugelernt und kann dann mit in den Trainingsplan eingebaut werden.

Motivation

Ob sich ein Hund dazu entschließt, ein
bestimmtes Verhalten zu zeigen oder
nicht, hängt von der Motivation ab, die
früher oft als Trieb bezeichnet wurde.
Dabei geht es um einen Erregungszustand, der den Hund veranlasst, nach
bestimmten Objekten oder Zielen zu
streben. Wie stark diese Motivationsfähigkeit ausgeprägt ist, hat sowohl mit
der Rasse als auch mit den individuellen
Eigenschaften des Hundes zu tun. Dennoch ist Motivationsfähigkeit in jedem
Hund vorhanden. Wobei die Stärke der
Ausprägung und somit auch die realisti-
sche Zielsetzung der Motivationsförde-
rung variieren. Beutefang-, Jagd- und
Spielverhalten sind Beispiele für Motivationen, die gezielt ausgelöst, gefördert
und kontrolliert werden sollten.

Leckerchen und Spielzeug

Positive Verstärker erhöhen die Motivation und somit die Lernbereitschaft. Und
in diesem Bereich führen Leckerchen
und Spielzeuge ganz klar die Riege
der Motivationsbooster an. Allerdings
braucht der Hundehalter hierfür eine
schnelle Hand. Das Leckerchen muss
spätestens ein bis zwei Sekunden nach
dem erwünschten Verhalten ins Hundemaul wandern, ansonsten verfehlt es
seine Wirkung. Gelingt der Blitztransfer,

*Unmotiviert? Das hängt von der Situation
und den individuellen Eigenschaften ab.*

Belohnung

Da Motivation rassespezifisch unter-
schiedlich ist, entscheidet der Hund über
die beste Form der Belohnung. Nur wenn
er sie als solche empfindet, ist sie auch
wirksam.

entfaltet das Leckerchen seine volle und nachhaltige Wirkung. Aus Hundesicht handelt es sich hierbei schließlich um Futter, und Nahrung ist eine Ressource, ohne die er keine Überlebenschance hätte. Somit hat ein Leckerchen einen sehr hohen Stellenwert. Einen weitaus höheren als das Kraulen des Nackenfells. Das ist zwar auch nett und erzieherisch wirksam, aber weitaus unwichtiger für das nackte Überleben.

Obwohl die Wirksamkeit des Leckerchens aus verhaltensbiologischer Sicht bewiesen ist, rückt der überaus knusprige Happen immer wieder in den Fokus gaumenfeindlicher Kritiker, die im Leckerchen den natürlichen Feind erfolgreichen Lernens sehen. Verwöhnt, erpresserisch, ja brandgefährlich könnten sie Hunde machen – so das Credo der Skeptiker. Stimmt – wenn Leckerchen einfach so, ohne Sinn und Zweck gegeben werden. Oder die Hand des Hundehalters sofort zur Tasche wandert, sobald der Hund bettelt. Das Prinzip des Lernens mit Leckerchen ist simpel: Es gibt nie ein Leckerchen, ohne dass der Hund zuvor eine eingeforderte Verhaltensweise gezeigt hat. So lernt der Hund, dass Erpressen keinen Erfolg bringt und stellt das Verhalten ein. Wer hierbei konsequent ist, wird die positiven Seiten des Leckercheneinsatzes schätzen lernen.

Derselbe Hund – hoch motiviert, dank positivem Verstärker.

Basiserziehung

„Sitz", „Platz", „Bleib" und Kommen auf Abruf sind wichtige Punkte der Basiserziehung und erleichtern den Umgang mit dem Hund.

Der Basisgehorsam eines Hundes ist ein komplexes Thema, das alleine mehrere Bücher füllen könnte. Die folgenden Abschnitte sind deshalb vor allem als Anreiz zu sehen, diesen wichtigen Part der Erziehung mit Freude und hoher Motivation anzugehen. Die Tipps weisen Wege, deren weitere Verfolgung die kompetente Begleitung eines Hundetrainers verdient. Hinzu kommt, dass es stets mehrere Wege gibt, die zum Ziel führen. Abhängig von den individuellen Eigenschaften des Hundes, den Ansprüchen seines Besitzers und möglicher Vorerfahrungen. Dennoch macht kein Hundehalter etwas falsch, wenn er sich die folgenden Trainingstipps zu Herzen nimmt.

Auf den Namen hören

Vieles ist später einfacher, wenn der Hund zuverlässig auf seinen Namen hört. Von Anfang an trainiert, klappt das sicher auch tadellos. Es geht darum, dass der Hund weiß, dass er gemeint ist,

wenn sein Name erklingt. Ob er seinen Halter dabei anschaut oder nicht, ist erstmal völlig uninteressant. Das Training lässt sich am einfachsten über die klassische Konditionierung aufbauen: Wenn gerade Kontakt zum Hund besteht, sagt der Halter den Namen und gibt dem Hund ein Leckerchen. Das wird ein paar Mal wiederholt und schon dürfen die ersten ablenkenden Reize hinzukommen. Danach vergrößert der Hundehalter allmählich die Distanz zum Hund.

Blickkontakt

Der gezielte Aufbau von Blickkontakt verläuft genauso wie der Trainingsaufbau, der das Reagieren auf den eigenen Namen zum Ziel hat. Allerdings reicht es nun nicht, leicht den Kopf zu wenden oder die Ohren in Richtung Hundehalter zu drehen. Die Belohnung erfolgt erst bei direktem Blickkontakt.

Sitz

Der Alltag gestaltet sich angenehmer, wenn ein Hund auf Signal hin „Sitz" macht. Die meisten lernen es schnell mit folgender Methode: Einfach ein Leckerchen nehmen und den Hund – falls nötig – mit dem Hinterteil in eine Ecke stellen, damit er nicht nach hinten ausweichen kann. Nun das Leckerchen über den Kopf des Hundes führen, ohne dabei

nach oben hin auszuweichen. Die Handbewegung geht eher in Richtung Wand. Sobald der Hund beginnt, sich zu setzen, sofort das Hörzeichen „Sitz" geben und dann mit dem Leckerchen belohnen. Erfolgt das Hörzeichen erst, wenn der Hund bereits sitzt, ist es zu spät. Diese

Erziehungstipps

> Täglich üben, aber nie zu lange am Stück, sondern in kleinen Trainingseinheiten. Maximal vier bis fünf Wiederholungen.

> Wenn die Grundübung klappt, in folgender Reihenfolge den Anspruch erhöhen: die ablenkenden Reize (vom Haus, in den Garten, in die Natur, Menschen, andere Hunde, Fahrräder, etc.) intensivieren, dann die Distanz zum Hund vergrößern und schließlich die Dauer der Befolgung eines Signals verlängern.

> Erwünschtes Verhalten wird immer mit einem bestimmten Signal eingeleitet (z. B. Sitz) und mit einem weiteren Signal wieder auflöst (z. B. Lauf).

> Bleiben Sie immer bei dem einmal gewählten Signal.

> Hundesportler sollten die Handhilfen jedoch möglichst schnell wieder abbauen, weil sich die Hunde daran gewöhnen. Im Sport sind Handzeichen meist unerwünscht.

> Hörzeichen immer nur einmal sagen. Werden sie ständig wiederholt, lernt der Hund, dass es reicht, erst nach dem fünften „Hier" zurück zum Halter zu kommen.

Übung mehrmals täglich wiederholen und dann auch ohne Wand üben. Da es von Vorteil ist, wenn Hunde sowohl auf Hör- als auch auf Sichtzeichen zuverlässig reagieren, übernimmt die Leckerchenhand zunehmend das Sichtzeichen. Sie bewegt sich mehr nach oben als – wie anfangs – über den Kopf des Hundes. Welches Handzeichen letztendlich zum unverwechselbaren Signal wird, obliegt dem eigenen Geschmack. Es muss nur immer dasselbe sein. Bewährt hat sich ein nach oben gestreckter Zeigefinger bei ansonsten zur lockeren Faust geschlossener Hand. Nun abwechselnd „Sitz" mit Hör- oder Sichtzeichen trainieren. Dabei allmählich auch den Abstand zum Hund variieren.

Hier

Das Kommen auf Zuruf ist eine Lebensversicherung für jeden Hund. Denn nur, wenn der Hund zuverlässig auf „Hier" reagiert, lässt er sich auch aus bedrohlichen Situationen abrufen. Zuerst wird aus geringer Distanz in einer sicheren

„Sitz" gehört zum Basisgehorsam.

Umgebung ohne viel Ablenkung geübt. Der Halter steht direkt vor dem Hund, sagt das Rückrufwort und belohnt ihn sofort mit einem sehr guten Leckerchen. Ein paar Mal wiederholen und dann einen Schritt zurückgehen. Rufen und belohnen, wenn der Hund kommt. Schrittweise wächst der Anspruch. Der Abstand zwischen Hund und Halter

Sofort loben

Sofort belohnen, wenn sich der Hund umschaut, am besten mit einem Lobwort und einer ausgesprochen freudigen Stimme und einem Leckerchen.

Warten, bis…

… das Signal „Hier" erfolgt.

vergrößert sich, wobei es ausgesprochen wichtig ist, die Zuverlässigkeit des Hundes in den ersten Wochen nicht zu überschätzen. Ein zu großer Abstand, der womöglich mit einem Ignorieren des Hörzeichens einhergeht, wirft den Trainingserfolg zurück. Parallel zur Distanz zwischen Hund und Halter steigert sich auch die Intensität der ablenkenden Reize. Wichtig: An verschiedenen Orten üben. Soll eine Hundepfeife als Rückrufsignal dienen, erfordert auch das einen schrittweisen Trainingsaufbau. Das Rückruftraining ist erst abgeschlossen, wenn sich der Hund in jeder Situation abrufen lässt. Auch auf dem Weg zu einem anderen Hund, oder wenn er sogar schon am Ziel angekommen ist.

„Platz" auf ein Sichtzeichen hin.

Platz

Um dem Hund das Hinlegen auf Signal beizubringen, fordert der Hundehalter erst „Sitz", hockt sich dann neben seinen Hund und lockt ihn mit einem verführerischen Leckerbissen nach unten. Die Hand darf sich dabei nicht vorwärts bewegen, ansonsten springt der Hund auf. Sobald der Hund dazu ansetzt, sich hinzulegen, gibt der Trainer das Hörzeichen „Platz" und lässt eine Belohnung springen. Diese Übung mehrmals täglich wiederholen, bis alles zuverlässig klappt. Als nächstes kommt ein Sichtzeichen hinzu. Zum Beispiel eine flach ausge-

streckte Hand, deren Innenfläche zu Boden zeigt. Nun stellt sich der Trainer vor den Hund, gibt das bekannte Hörzeichen und setzt minimal danach das Sichtsignal ein. Sobald der Hund zuverlässig auf diese Kombination reagiert, können Sicht- und Hörsignal auch einzeln geübt werden.

Nicht anspringen

Manche stört es nicht, doch die meisten wollen keinesfalls von einem Hund angesprungen werden. Was im passenden Moment als überschwängliche Freude begrüßt wird, mutiert spätestens dann zum Ärgernis, wenn schmutzige Pfoten und empfindliche Kleidung aufeinandertreffen. Also abtrainieren, aber wie? Am besten mithilfe inszenierter Situationen, bei denen Besucher ins Haus kommen und den Hund „Sitz" machen lassen. Die Belohnung erfolgt durch den Hundehalter. Anfangs notfalls eine Leine zur Hilfe nehmen, den

Unterm Bein hindurch

Legt sich der Hund nicht hin, kann man ihn mit einem Leckerchen unter dem ausgestreckten Bein des hockenden Trainers hindurchlocken und so in eine liegende Position bringen. Später sollte „Platz" auch aus einer stehenden Position des Hundes heraus geübt werden.

Anspringen

Welpenbesitzer sollten verhindern, dass jeder Passant fröhlich in die Hände klatschend auf den Hundenachwuchs stürzt. Denn gerade hier lauert oft die Ursache des lästigen Anspringens. Doch was bei einem putzigen Welpen noch nach niedlicher Begrüßung aussieht, macht keinen Spaß mehr, wenn die schlammigen Pfoten eines 40-Kilo-Hundes auf den Schultern des Passanten landen.

Hund damit vom Besucher fernhalten und solange ignorieren, bis er sitzt. Dann ausgiebig belohnen. Wenn der Besuch den Hund nur dann begrüßt, wenn er sitzt, ist das auch eine gute Belohnung. Diese Situation auf Spaziergänge und andere Alltagssituationen ausweiten.

Bleib

„Bleib" ist eine weitere, überaus praktische Basisübung. Wie schön, wenn der Hund tatsächlich noch dort ist, wo man ihn zuvor vorübergehend zurückließ. Das Training beginnt im „Sitz" und im „Platz". Der Hundehalter steht direkt neben dem Hund und verlängert den Zeitraum bis zur Gabe des Leckerchens schrittweise immer mehr. Dann folgt der nächste Schritt: Während der Hund – wie zuvor gelernt – auf Signal hin eine sitzende Position einnimmt, streckt ihm der Trainer nun zusätzlich eine aufgerichtete Hand mit zum Hund gerichteter Innenfläche entgegen. Gleichzeitig gibt der Hundehalter das Hörzeichen „Bleib" und zwar mit einer möglichst ruhigen Stimme. Die andere Hand befördert nun von oben das Leckerchen ins Hundemaul. Dann wird das „Sitz" durch ein auflösendes Signal (z. B. Lauf) beendet. Mehrmals täglich, jeweils zwei bis dreimal, üben und schrittweise ablenkende

Anspruchsvoll: Der Kooikerhondje-Rüde bleibt brav an Ort und Stelle, während sich seine Halterin entfernt.

Reize, die Verweildauer und die Distanz zwischen Hund und Halter erhöhen. Springt der Hund auf, bevor das „Bleib" aufgelöst wurde, signalisiert der Trainer mit einem Fehler-Wort, dass das Leckerchen nun verspielt ist und beginnt die Übung von vorne. Wichtig: Nicht zu früh zu weit vom Hund weggehen.

Das „Fehler-Wort"

Man kann es „Nein" nennen, doch da „Nein" ein strapaziertes Alltagswort ist und zudem auch noch oft wütend betont wird, taugt es nicht wirklich zur Hundeerziehung. Stattdessen ein einfaches, unverkennbares Hörzeichen wählen, z. B. „Lass es", „Don't", „Hey" oder „Stopp" – vorausgesetzt, diese Signale sind nicht anderweitig belegt. Ruhig und entschlossen sollte die Stimme des Trainers klingen, wenn er das „Fehler-Wort" sagt. Dieses Hörzeichen muss für den Hund zu einem unverwechselbaren Signal werden, dass ihn von gewissen Dingen abhält und vor Schaden bewahrt. Für das Training braucht man zwei gleichwertige Leckerchen. Das erste Leckerchen liegt auf der flachen Hand des Hundehalters und der Hund darf es fressen. Eine einfache Übung, mit ca. zehn Wiederholungen in Folge. Als nächstes liegt wieder ein Leckerchen auf der ausgestreckten Handfläche, aller-

dings sagt der Hundehalter nun das „Fehler-Wort" und schließt die Hand, bevor der Hund das Leckerchen erwischt. Bellen, an der Hand kratzen, Pfötchen geben, sich hinsetzen – egal, was der Hund versucht, er wird ignoriert. Bis er von der Hand zurückweicht oder Blickkontakt sucht. Nun wirft ihm der Halter das andere Leckerchen aus geringer Distanz zu. Diese Übung in den nächsten Tagen und Wochen immer wieder neu abfragen und dann auf andere Situationen übertragen.

Der Klassiker: Hund und Postbote. Ideal, um das Nein-Wort zu festigen.

Eine freundliche Stimme verleiht dem Lobwort Kraft. Wiederholungen festigen den Lerneffekt.

Lobwort

Jeder Hundehalter sollte ein Hörzeichen im Repertoire haben, das beim Hund umgehend das Gefühl auslöst, etwas richtig gemacht zu haben. Zum Beispiel „Prima", was unverwechselbarer ist als „Fein", weil Letzteres ähnlich wie „Nein" klingt und im Alltag ständig Verwendung findet. Der Hund erlernt das Lobwort über die klassische Konditionierung: Der Halter sagt das Lobwort und achtet dabei auf eine möglichst freundliche, ja euphorische Stimmlage. Anschließend gibt es direkt ein besonders gutes Leckerchen. Zehn bis 15 Mal wiederholen. Umso besser das Leckerchen, der positive Verstärker, ist, desto effekt-voller prägt sich die Verknüpfung beim Hund ein. Auch die Häufigkeit der Wiederholungen trägt zum Lernerfolg bei. Doch bei allem Eifer sollte kein Hang zur Übertreibung aufkommen. Denn der könnte den Spaß schnell trüben.

Vorteil: Clicker

Ein Clicker hat gegenüber dem Lobwort den Vorteil, immer gleich zu klingen, wogegen die menschliche Stimme durchaus Schwankungen unterliegt. Ein Lobwort ist jedoch in vielen Situationen hilfreich, wo vielleicht gerade kein Clicker zur Hand ist. Deshalb auf jeden Fall antrainieren, auch wenn die Clickerarbeit zum Training gehört.

Leinenführigkeit

Ein Hund ist leinenführig, wenn er an durchhängender Leine neben seinem Besitzer herläuft und dabei keinen Slalomkurs einschlägt. Ob der Hund dabei auf der rechten oder der linken Seite läuft, ist im Alltag der persönlichen Vorliebe überlassen. Gut ist es auch, beide Seiten einzuüben. Vermutlich stößt keine andere Forderung bei Hunden auf soviel Unverständnis. Was nicht verwundert, weil Hunde nun einmal nicht im Schneckentempo auf Schulterhöhe nebeneinander her spazieren gehen und dabei plaudern. Und doch ist es wichtig, diese Übung ernst zu nehmen. Sie ermöglicht gefahrloses Vorwärtskommen auf engen Wegen, verhindert bei der Arbeit an der Leine Kräfte zehrendes Dauerziehen und ist zudem eine ausgezeichnete Übung zur Selbstkontrolle. Anfangs wird in einer reizarmen Umgebung geübt. Eventuell auch mit am Boden schleifender Schleppleine. Alles, was den Hund lockt, ist erlaubt: ein gutes Leckerchen, aufmunterndes Schnalzen oder Klopfen auf den Oberschenkel. Wenige Schritte an der Seite des Halters reichen und werden mit einem Leckerchen belohnt. Häufige Richtungswechsel erhalten die Aufmerksamkeit wie auch Tempowechsel. Schrittweise die Strecken, auf denen der Hund bei Fuß geht, verlängern. Zwischendurch immer wieder auflösen, um die Motivation zu erhalten. Wenn gleichzeitig ein Hörzeichen für die Leinenführigkeit antrainiert wird (z. B. „Fuß"), erleichtert das den täglichen Umgang zusätzlich. Ist gerade keine Zeit, auf den jungen Hund einzugehen, ein Geschirr anlegen. Das Halsband nur verwenden, wenn gezieltes Training erfolgt.

Entspanntes Miteinander

Nimm's und Aus

Die Befolgung dieser Signale kann Schaden verhindern und sogar ein Hundeleben retten. Zum Beispiel dann, wenn der Vierbeiner einen gefährlichen Gegenstand oder etwas anderes Ungenießbares ins Maul nimmt. Hat er zuvor gelernt, das Hörzeichen „Aus" umgehend umzusetzen, wird er das Objekt nun sofort wieder ablegen. Ein wichtiges Ziel mit einem ganz spielerischen Trainingsplan. Der Hundehalter nimmt einfach ein begehrtes Spielzeug in eine Hand und wedelt damit vor dem Gesicht des Hundes herum, bis er es ins Maul nimmt.

Der beste Zeitpunkt für das Hörzeichen „Nimm's" ist der Augenblick, in dem der Hund sein Maul öffnet. Nun hält der Trainer dem Hund ein gutes Leckerchen oder ein Spielzeug vor die Nase und sagt „Aus". Wenn es ein wirklich gutes Leckerchen ist, wird der Hund nun das Spielzeug fallen lassen, um an den Leckerbissen zu kommen. Mehrmals täglich wiederholt, festigt sich das Wechselspiel zwischen „Nimm's" und „Aus". Nun erfolgt die Ausdehnung auf andere Objekte und der Halter erteilt die Signale aus immer größerer Distanz. Um zu vermeiden, dass der Hund jedes Mal

Auch wenn es schwer fällt: Beim Signal „Aus" heißt es Loslassen.

Clickertraining

Die aufgeführten Übungen lassen sich übrigens auch mithilfe eines Clickers trainieren. Dahinter verbirgt sich der Nachbau eines Spielzeugs aus Großmutters Zeiten, das inzwischen längst nicht mehr nur in Kinderhänden für Spaß sorgt, sondern in den Hosentaschen vieler Hundehalter zu finden ist: eine Art Knackfrosch, der laut klickt, wenn man ihn drückt. Anforderung – Klick – Belohnung – Erfolgserlebnis; so einfach ist das. Hundehalter, die sich dafür interessieren, sollten sich nach einer Hundeschule umsehen, in der geclickert wird. Das Clicker-Training kommt ursprünglich aus dem Delfintraining.

überprüft, ob tatsächlich ein Tauschobjekt lockt, sagt der Hundehalter im weiteren Trainingsverlauf erst „Aus" und zieht dann das Tauschobjekt aus der Tasche. Schließlich erfolgt auch das getrennte Abfragen der Hörzeichen. Denn „Aus" soll irgendwann zuverlässig ohne vorheriges Aufnehmen eines Objekts auf Signal hin funktionieren. Auch hier greift die klassische Konditionierung. Das „Aus" wird mit dem Tauschobjekt verknüpft, deshalb bietet der Hund die Verhaltensweise auch so schnell an.

Hilfsmittel

Manche Hunde brauchen sie nicht, andere lernen mit Hilfsmitteln einfach besser. Ausprobieren ist angesagt, um herauszufinden, was zu den individuellen Anforderungen von Hund und Halter passt. Es gibt diverse Hilfsmittel. Zu den gängigsten zählen Halsbänder, Geschirre, Kopfhalfter, Leinen, Schleppleinen, Pfeifen und Clicker. Damit Hilfsmittel ihren Zweck erfüllen, müssen sie gewissen Anforderungen entsprechen. So sollten Halsbänder gut sitzen, dürfen also weder zu groß, zu klein oder zu schmal sein. Und ihr Verschluss muss auch bei plötzlichem Zug halten, was bei schlecht verarbeiteten Klickhalsungen nicht immer der Fall ist. Dasselbe gilt für Geschirre: Eine gute Passform mit viel

Kleine Leckerchen sind hilfreicher als große.

nicht selbstständig experimentieren. Zu den vielen weiteren Hilfsmitteln zählen auch welche, die entweder schon verboten sind oder ausschließlich in ganz speziellen Fällen von erfahrenen Ausbildern benutzt werden sollten. Von allen sollten Halter von Familienhunden Abstand nehmen, weil sie der Beziehung zum Hund ganz erheblich schaden können. Zu den in Deutschland verbotenen Hilfsmitteln gehören Stromimpulsgeräte.

Freiheit für das Schulterblatt und Karabiner, die nicht auf die Wirbelsäule schlagen, zeichnen gute Produkte aus. Der Einsatz von Kopfhalftern erfordert ein spezielles Aufbautraining. Es gibt verschiedene Modelle: mit Öse im Nacken und mit Öse unter dem Kinn. Auch bei Leinen ist auf Qualität zu achten. Minderwertige Modelle mit Nieten neigen dazu, bei plötzlicher Zugbelastung an der genieteten Stelle zu reißen. Außerdem gibt es strafende Hilfsmittel wie Sprühhalsbänder und Fisher Discs, Metallscheiben, die von einem Ring zusammengehalten werden. Sollte der Eindruck bestehen, dass ein strafendes Hilfsmittel für die Erziehung des Hundes erforderlich ist, unbedingt einen professionellen Hundetrainer hinzuziehen und

Unverwechselbar – Hundepfeife aus Horn.

Vertrauen durch positive Erziehung.

können zu Kehlkopfquetschungen führen. Lendenleinen und Geschirre, deren Zug auf die Achselhöhlen des Hundes wirkt, können massive Schmerzen zuführen. Generell gilt: Hundehalter sollten auf Hilfsmittel verzichten, die Hunden Schmerzen zuführen.

Geduld und Konsequenz

Der Einsatz positiver Hilfsmittel sollte jedoch keinesfalls wichtige Erziehungsaspekte wie Konsequenz und Geduld ausschließen. Denn viele Trainingsschritte müssen über Wochen oder sogar Monate täglich wiederholt werden, um sich zuverlässig im Gehirn des Hundes zu verankern. Auch nach Jahren kann regelmäßiges Nacharbeiten erforderlich sein, wenn sich im Alltag Nachlässigkeiten einschleichen. Doch auch wenn das mühsam klingt, lohnt sich der Einsatz. Denn ein mit positiven Hilfsmitteln erzogener Hund gehorcht, weil er verstanden hat und seine Grenzen kennt, ohne Angst vor seinem Besitzer zu haben. Und das ist die beste Grundlage für ein harmonisches Miteinander. Ganz gleich, ob es sich um den jagdlichen Einsatz, sportliche Aktivitäten oder Trickdogging handelt. Vertrauen und Verständnis sind die besten Voraussetzungen für eine gemeinsame Entdeckungsreise durch die Welt der Mensch-Hund-Beziehung.

Stachelhalsbänder sind in der Schweiz und in Österreich ausdrücklich verboten. In Deutschland ist der Gebrauch nach ständiger Rechstprechung ebenfalls unzulässig. Das Tierschutzgesetz verbietet es, einem Tier im Training erhebliche Schmerzen zuzufügen. Würgehalsbänder ohne Stoppvorrichtung

Die Mensch-Hund-Beziehung

Hund und Familie

Hunde sind ausgemachte Familientiere. Sie müssen in einer Gruppe leben, um sich wohlzufühlen und Menschen können dabei durchaus Artgenossen ersetzen.

Ruhezonen

Von den Sozialpartnern getrennt zu sein, ist für Hunde eine regelrechte Bedrohung. Weshalb sie keinesfalls ausschließlich im Zwinger gehalten werden sollten. Auch die Haltung in einem separaten Raum im Haus ist nicht artgerecht, weil sie den Hund von der Gruppe isoliert.

Stressfreies Miteinander, dank guter Basiserziehung.

Andererseits brauchen Hunde auch frei zugängliche Rückzugsmöglichkeiten. Das gilt verstärkt für Welpen, trächtige Hündinnen, kranke und ältere Hunde. Aber selbst erwachsene Hunde, die vor Tatendrang nur so strotzen, haben manchmal einfach genug von ihrer quirligen Menschenfamilie. Dann sollten sie in einem frei zugänglichen, ruhigen Bereich ohne Störung neue Energien tanken können. Zu abgelegen darf diese Ruhezone jedoch nicht sein, denn Hunde behalten auch gerne beim Abschalten den Überblick.

Die menschliche Familie

Hunden ist bewusst, dass Menschen keine Hunde sind. Aber sie betrachten sie als guten Ersatz für Artgenossen. Auch wenn der Hund jedes Mitglied der Familie als zur Gruppe zugehörig erachtet, schließt er sich oft einem Menschen, seiner Bezugsperson, stärker an. Oft ist das derjenige, der alle Entscheidungen trifft, den Hund füttert, am meisten Zeit mit ihm verbringt, gemeinsam mit ihm auf den Hundeplatz geht oder mit ihm Herausforderungen meistert.

Die Einbindung in den Familienverband verhindert, dass der Hund zum Außenseiter wird, was für ihn überlebenswichtig ist. Die angeborene Bereitschaft, sich anzupassen, erleichtert die Eingliederung in die menschliche Familie und ist die Basis für eine vertrauensvolle Beziehung. Doch bei aller Anpassungsfähigkeit sollten Hundehalter nie vergessen, dass sie es mit einem Hund zu tun haben. Vermenschlichungen sind für den Hund schädlich. Er kann kein gleichwertiger Partner sein, sondern braucht ein soziales Gefüge mit klaren Regeln.

Keine Vermenschlichung

Anstatt menschliche Züge in den Hund hineinzuinterpretieren, ist es sinnvoller, die Körpersprache des Hundes und seine Mimik zu verstehen. Denn diese Signale dienen der Kommunikation innerhalb des Familienverbands. Und auch der Hundehalter selbst sollte seine Körpersprache schulen, um hundegerecht mit seinem Vierbeiner zu kommunizieren. Das ist artgerechter als eine Grundsatzdiskussion oder der Irrglaube, der Hund würde aus Gerechtigkeitssinn heraus den Wünschen des Menschen folgen.

Manchmal muss es ein anderer Hund sein.

Hundliche Bedürfnisse

Als geschätztes Familienmitglied unter Menschen muss ein Hund allerdings auch einfach öfter richtig Hund sein dürfen. Das bedeutet zum Beispiel, dann, wenn es die Bezugsperson zulässt, Sozialkontakte zu Artgenossen zu haben, ausgiebig Herumstöbern zu dürfen und sich schmutzig zu machen. Die individuellen Bedürfnisse können nach Rassezugehörigkeit oder abhängig von Alter und Konstitution variieren. Es ist die Aufgabe der Familie, die Bedürfnisse des eigenen Hundes zu erkennen und ihnen in vertretbarem Maß entgegenzukommen. Das trägt zur Ausgeglichenheit des Hundes bei und stärkt sein Vertrauen zum Familienverband.

Mythen und Märchen

Es gab viele Irrtümer und Fehleinschätzungen in der Forschung rund um den Hund. Und es wird auch weiterhin welche geben, die später der Korrektur bedürfen.

Wolf und Hund

Ein berühmtes Beispiel hierfür lieferte auch der bekannte Verhaltensbiologe Konrad Lorenz. Er deutete das zur Seite drehen des Kopfes und das damit verbundene Entblößen der Kehle eines Wolfes als Demutsgeste gegenüber einem jüngeren aufstrebenden Rudelmitglied. Lorenz-Schüler Erik Zimen konnte seinen Lehrer später vom Gegenteil überzeugen. Die Halsdarbietung erwies sich als Überlegenheitsgeste des ranghöheren Tieres und nicht als Gnadengesuch.

Unterschiede zum Wolf

Die große Wolfsdebatte führte zu zahlreichen Missverständnissen. Hunde stammen vom Wolf ab, das bestätigt die aktuelle Forschung unisono, aber sie unterscheiden sich bei allen Ähnlichkeiten nun einmal auch in vielen Punkten von ihrem entfernten Verwandten – zum Glück, denn ansonsten würden sie als Familienhund kläglich versagen. So

reagieren Hunde beispielsweise gezielt auf körpersprachliche Signale des Menschen, wogegen Wölfe diese in der Regel weitgehend ignorieren. Hunde sind hoch motiviert, wenn es darum geht, mit Menschen zu kooperieren, auch wenn sie gemeinsam mit Artgenossen leben. Junge Wölfe zeigen sich hingegen maximal mäßig an Menschen interessiert und orientieren sich als Erwachsene fast ausschließlich an Artgenossen. Hunde lernen zuverlässig über Sicht- und Hörzeichen, die man gezielt mit Belohnungen verknüpft. Das ist bei Wölfen weitgehend undenkbar. Auch würde ein Wolf niemals solch ein grenzenloses Vertrauen zum Menschen aufbauen wie ein Hund.

Das Alpha-Tier

Ins Reich der Mythen und Märchen gehört auch das Bild vom unangefochtenen Alpha-Tier, das sich durch körperlichen Einsatz zeitlebens Respekt ver-

Rangordnung

Die Vorstellung einer starren Rangordnung innerhalb des Familienverbands mit Hund hält sich hartnäckig. Dabei kennen Hunde kein rigides Rudelsystem, das auf Unterdrückung der Schwächeren durch Stärkere beruht. Vertrauen und Bindung entstehen durch nachvollziehbares und konsequentes Verhalten der Ranghöheren. Und dieses Verhalten ist niemals auf Schaden ausgerichtet, sondern dient dem Überleben der ganzen Gruppe.

schafft. An dieser Idee scheiterten schon zahlreiche Hundehalter, die glaubten, sich durch physische Gewalt Anerkennung erzwingen zu können. Das was sie dadurch erzeugen, ist Angst, kein Respekt. Hunde lassen sich nicht durch körperliche Zwänge davon überzeugen, dass ihr Mensch ein verlässlicher Chef ist. Dieser Status wird dadurch vergeben, dass der Halter in der Lage ist, Ressourcen zuverlässig zu kontrollieren, die der Hund für wichtig hält. Im Prinzip kann der Hund sogar auf dem Sofa schlafen, solange der Halter die Ressourcen kontrolliert, also entscheidet, ob und wann der Hund aufs Sofa darf. Derjenige, der Zugang zu Nahrung, Wasser oder strategisch wichtigen Plätzen hat und außerdem über den Zeitpunkt sozialer Kontakte entscheidet, ist aus Hundesicht ein ranghohes Gruppenmitglied. Und übrigens gibt es noch eine Tatsache, die den Begriff Alpha-Tier in der Mensch-Hund-Beziehung ad absurdum führt: Ein Alpha-Tier zeichnet sich im Wolfsrudel unter anderem dadurch aus, dass es sich mit seinen Rudelmitgliedern fortpflanzt.

Meutenhunde müssen oft mit über 100 anderen Artgenossen zurechtkommen.

Hund und Kinder

Hunde und Kinder sind ein tolles Team, wenn die Voraussetzungen stimmen. Generell gilt: Kinder sollten grundsätzlich nie ohne Aufsicht mit Hunden alleine gelassen werden.

Unter Aufsicht

Schlüsselreize wie schrilles Schreien, Kreischen oder plötzliches Hinfallen können zu einem Angriff führen. Auch wenn der Hund als absolut brav gilt, ist nicht auszuschließen, dass nicht doch einmal eine unerwartete Reaktion erfolgt. Außerdem hat es kein Hund verdient, von ungeschickten Kinderhänden traktiert oder aus dem Tiefschlaf gerissen zu werden. Er soll respekt- und liebevoll mit den Kindern umgehen und genau dasselbe sollten auch Kinder im Umgang mit dem Hund lernen. Der Umgang mit fremden Kindern sollte generell immer unter verschärfter Aufsicht stehen. Denn nicht jeder Hund ist automatisch freundlich zu allen Kindern, nur weil er es Zuhause im Kreis der Familie ist.

Besuch in der Schule: Hier lernen Kinder, mit Hunden richtig umzugehen.

Tipps für Eltern und Kinder

Der Verband für das Deutsche Hundewesen (VDH) hat die Broschüre „Zwölf Regeln für den Umgang mit Hunden" herausgegeben, die praktische und kindgerechte Tipps enthält. Der pfiffige Ratgeber ist für Kinder ab acht Jahren gedacht und besteht aus lustigen und lehrreichen Aufgaben, die Kinder gemeinsam mit einem Erwachsenen und ihrem Hund lösen. Dabei lernen sie, warum man Hunde in Ruhe lässt, wenn sie fressen oder schlafen. Weshalb man nicht vor ihnen weglaufen oder nach ihnen treten sollte und vieles mehr. Die Broschüre ist kostenfrei und kann als pdf-Datei von der Homepage des VDH heruntergeladen werden (www.vdh.de). Außerdem kann man dort einen Lehrfilm mit dem beliebten Li-La-Laune-Bär-Moderator Metty Krings und Lehrerbegleitmaterial für die Gestaltung von Unterrichtseinheiten bestellen.

„Helfer auf vier Pfoten"

Wie sehr Kinder vom Umgang mit Hunden profitieren weiß jeder Hundehalter und die Familien, die keine Hunde haben, ahnen es spätestens nach dem ersten Hundebesuch im Kindergarten oder in der Grundschule. Aktionen wie die „Helfer auf vier Pfoten" ermöglichen solche Besuche. Nachdem die Kinder

Krabbelkinder

Solange der Nachwuchs auf allen Vieren durch die Gegend krabbelt, unbedingt Rückzugsmöglichkeiten für den Hund schaffen, die für das Kind nicht erreichbar sind.

zuvor theoretisch auf die vierbeinigen Besucher vorbereitet wurden, folgt der praktische Teil. Sie lernen, sich einem Hund richtig anzunähern, ihn spielerisch zu führen und vieles mehr. Dabei fassen selbst ängstliche Kinder Vertrauen und sind plötzlich bereit, sich auf den Hund einzulassen. Geeignetes Lehrmaterial und Kontakte zu Hundeführern, die Kindergärten und Schulen besuchen, gibt es beim VDH. Vielleicht einfach mal im Kindergarten oder der Schule des eigenen Kindes anregen.

Verantwortung der Eltern

Doch bei allen Erfahrungen, die ein Kind zum Thema Hund sammelt: Die Eltern eines Kleinkinds sollten stets die Rolle der Bezugsperson für den Hund übernehmen beziehungsweise einer von ihnen. Erst ab dem Teenageralter ist selbstständiges Führen des Hundes angebracht und auch dann vorerst nur unter Anleitung der Eltern. Das gilt auch für Freunde des eigenen Kindes.

Hund und Hunde

Es gibt viele Gründe, zwei oder sogar mehrere Hunde zu halten. Und es gibt auch Argumente dagegen. Auf jeden Fall sollte sich jeder, der einen Hund hat, gut überlegen, ob die Haltung mehrerer Hunde zum eigenen Leben passt.

Mehrkosten

Angefangen mit den schönen Seiten: Zwei oder mehr Hunde kommen in den Genuss, gemeinsam mit Artgenossen zu leben. Das bedeutet, gemeinsam spielen, um die Wette rennen, gegenseitiges Fellknabbern und Öhrchenlecken – wenn alles gut läuft. Und das ist nur dann der Fall, wenn die Hunde gut zueinander passen und alle Ressourcen

Fünf Hunde bedeuten fünffache Unterhaltskosten, aber auch fünffache Freude.

Diese fünf Australian Shepherds hören aufs Wort.

angemessen unter allen aufgeteilt werden. Das muss wiederum der Hundehalter sicherstellen, was einige Erfahrung, viel Aufmerksamkeit und noch mehr Zeit voraussetzt. Er trägt auch die höheren Kosten der Mehrhundehaltung. Die Hundesteuer steigt von Hund zu Hund proportional an. Kosten für Impfungen, Entwurmungen und Routineuntersuchungen schnellen in die Höhe und auch das Risiko, dass mal ein Hund erkrankt, was weitere Tierarzt- oder Klinikkosten mit sich bringt. Finanziell aufwendiger als mit nur einem Hund ist auch der Kauf von wichtigem Equipment. Leinen und Halsbänder, Futter- und Wassernäpfe, Hundebetten oder -decken. Nicht zu vergessen das Futter. So gut sich die Hunde auch verstehen mögen, wenn es um Ressourcen geht, herrscht ein interner Machtkampf. Folglich sollte jeder Hund seinen eigenen Bereich haben. Ein Blick aufs Auto ist ebenfalls sinnvoll, wenn die Anschaffung mehrerer Hunde

ansteht. Ist ausreichend Platz, um alle sicher und komfortabel unterzubringen? Ein weiterer Kostenfaktor ist die Betreuung der Hunde z. B. während des Urlaubs. Hundesitter und -pensionen berechnen ihre Leistungen pro Hund.

Zeitfaktor

Passen alle Hunde problemlos in den Haushaltsplan, rückt der zeitliche Faktor in den Fokus. Denn hier lauert eine Gefahr: Manche Hundehalter glauben, sie würden Zeit sparen, wenn sie ihrem Hund einen Spielgefährten kaufen. Die beschäftigen sich dann ganz alleine miteinander. Manchmal wird das vorübergehend der Fall sein. Meistens stehen jedoch zwei Hunde vor einem und fiebern nach Aufmerksamkeit. Handelt es sich außerdem um Hunde mit pflegeintensivem Fell, schlägt auch das spürbar auf dem Zeitkonto zu Buche. Wenn all das nicht schreckt, steht einem Zweithund nichts im Wege.

Schnell zu dritt …

Manchmal führt allerdings auch kein Weg an zwei oder mehreren Hunden vorbei. Züchter halten über kurz oder lang meistens mehrere Hunde, vor allem dann, wenn sie Zuchthündinnen haben. Auch bestimmte Hundesportarten wie z.B. der Schlittenhundesport setzen mehrere Hunde voraus. Jäger, die sich nicht mit einem Allroundjagdhund zufrieden geben, halten Spezialisten für die verschiedenen Einsatzbereiche der Jagd.

Hunde sollten zueinander passen.

Bezugsperson

Außerdem sollte klar sein, dass in einem Mehrhundehaushalt jeder Hund eine feste Bezugsperson braucht. Das wird in den meisten Fällen dieselbe Person sein, nämlich diejenige, die fürs Futter, für die Erziehung und all die anderen hundespezifischen Dinge da ist. Die Idee, sich einen zweiten Hund zum Beispiel für den nie vor 20 Uhr zurückkehrenden Ehepartner anzuschaffen, misslingt mit Sicherheit. Der Hund wird ihn nicht als Bezugsperson einstufen, auch wenn er sich sicher über den Freizeitgast freut.

Wer passt zu wem?

Hinzu kommt die Frage, welche Hunde überhaupt miteinander harmonieren. Sicher ist: Umso mehr Ähnlichkeiten sie hinsichtlich des Alters, des Geschlechts und der Rasse aufweisen, desto größer ist das Konfliktpotenzial. Warum? Weil solche Hunde dieselben oder ähnliche Ressourcen interessieren und das ist Zündstoff. Deshalb ist die Überlegung, gleich zwei Welpen aus einem Wurf zu nehmen, nicht unproblematisch. Solche Duos stiften sich oft gegenseitig zu Unfug an und haben mitunter Kontaktschwierigkeiten im Umgang mit anderen Hunden. Sie sind sich selbst genug und neigen deshalb dazu, weitere Erfahrungen mit Artgenossen zu umgehen.

Problemverhalten

Angst

Ängste sind belastend. Deshalb ist es wichtig, unbegründeten Ängsten vorzubeugen und bestehende schrittweise abzubauen.

Anzeichen von Angst

Eine zwischen den Hinterschenkeln eingekniffene Rute, Zittern, Hecheln, Speicheln, das Abwenden des Blicks, Harn- oder Kotabsatz sowie schrilles Bellen gehören zu den körperlichen Signalen, die unter anderem Angst ausdrücken können. Auch eine geduckte Körperhaltung, Weglaufen oder Erstarren sind typisch für diese Emotion. Oft sind die Pupillen des Hundes weit geöffnet oder das Augenweiß blitzt auf. Wobei nicht jeder Hund alle Signale zeigt und einzelne Signale nicht unbedingt für Angst sprechen müssen. Beim Erkennen von Angst zählt das Zusammenspiel aller körperlichen Signale und die Gesamtsituation, weshalb korrektes Einschätzen nicht immer einfach ist.

Ursachen von Angst

Angst ist erst einmal nichts Schlimmes, sondern eine ganz natürliche Emotion des Hundes, die ihn vor Gefahren schützt. Sie ist somit wichtig für sein Überleben.

Allerdings macht sich bei Hunden oft auch Angst breit, die der Halter in diesem Moment gar nicht zuordnen kann, weil er keine konkrete Gefahr erkennt. Für diese Ängste gibt es verschiedene Ursachen. Eine zu frühe Trennung von Muttertier und Wurfgeschwistern kann ebenso dahinter stecken wie eine zu strenge, den Hund überfordernde Erziehung. Auch Erlebnisse, die mit einem Kontrollverlust für den Hund einhergingen, können Ängste schüren. Dazu gehören unter anderem Übergriffe aggressiver Artgenossen, Unfälle oder nicht einschätzbare Umweltreize wie ein Feuerwerk. Hunde, die in reizarmer Umgebung aufwachsen, neigen in der Regel eher zu Angstreaktionen, wenn sie auf Unbekanntes treffen.

Futterspiele

Viele alltägliche Ängste, die Hunde zeigen, lassen sich mit einfachen Futterspielen überwinden. Ziel ist es, eine für den Hund unangenehme Situation mit etwas Positivem zu verknüpfen. Hat ein Hund Angst vor dem Autofahren, gibt es einige Wochen lang nur noch Futter im Auto. Auch beim Treppentraining und dem Überqueren unbekannter Untergründe helfen strategisch ausgelegte Hundekekse kleine Wunder zu bewirken.

Rückzugsmöglichkeit Transportbox

Hilfe durch den Halter

Manchmal ist es jedoch nicht so einfach. Dann steigern sich Ängste bis hin zu einer Angststörung. Und oft trägt der Hundehalter unbewusst zu dieser Entwicklung bei, indem er seinen Hund tröstet, sobald dieser Angst zeigt. Der gut gemeinte Versuch der Beruhigung bestätigt den Hund aber in seinem Glauben, dass Gefahr droht. Wenn der Halter nun auch noch in Stress gerät, muss ja etwas dran sein an dem unguten Gefühl. Dem kann man vorbeugen, indem ängstliches Verhalten des Hundes von Anfang an konsequent ignoriert wird. Das bedeutet aber nicht, den Hund völlig alleine zu lassen. Liegt jedoch bereits eine Angststörung vor, muss ein erfahrener Hundetrainer ran. Der wird erkunden, in welcher Situation die Angst zum ersten Mal auftrat. Er sucht nach den auslösenden Reizen und überprüft, ob es sich um eine angeborene oder erlernte Form von Angst handelt. Wenn das Ignorieren der Angst ebenso wenig bringt, wie die gezielte Belohnung erwünschten Verhaltens, steht vielleicht eine schrittweise Desensibilisierung oder Gegenkonditionierung auf dem Trainingsplan. Dabei lernt der Hund, sich nach und nach in einer vormals Angst auslösenden Situation zurechtzufinden. Doch auch dabei sollte ein professioneller Trainer helfen.

Aggression

Aggressives Verhalten gehört zum Normalverhalten von Hunden. Es dient dazu, auf einen Konflikt zu reagieren. Genau wie bei Menschen.

(K)eine Gefahr für andere

Eine aggressive Reaktion muss nicht zwangsläufig in eine spektakuläre Auseinandersetzung münden. Wenn ein Morgenmuffel seine Mitmenschen annörgelt, weil er sich von ihnen genervt fühlt, ist das bereits Aggressionsverhalten. Doch auch wenn aggressives Verhalten zu den ganz normalen Verhaltensweisen eines Hundes gehört, darf er damit dennoch keinen Schaden anrichten. Weder an Menschen, noch an anderen Tieren. Die Sachlage ist somit klar. Dennoch gibt es ganz unterschiedliche Reaktionen auf dieses Aggressionsverhalten. Manche Ämter erklären einen Hund offiziell als gefährlich, weil er ein Reh gejagt hat. Natürlich darf er das nicht, aber ist dieses Verhalten ein Zeichen für Gefährlichkeit? Andererseits gibt es Hundehalter, deren Vierbeiner andere Menschen beißen, und die sich danach nicht einmal um den Geschädigten kümmern und den Zwischenfall abtun. Unver-

ständlich, wie auch die Behauptung, manche Rassen seien gefährlicher als andere. Es gibt Verhaltensunterschiede, aber die Gefährlichkeit eines Hundes basiert – unabhängig von seiner Rasse – auf zwei Faktoren:

> mangelnde Kontrolle des Halters über den Hund
> fehlerhafte Einschätzung der Situation durch den Halter

Gegen wen wird Aggression gezeigt?

Hunde zeigen offensives und defensives Aggressionsverhalten. Der Unterschied ergibt sich aus der Emotion, die hinter dem Aggressionsverhalten steht. Das Ergebnis kann jedoch dasselbe sein: So besteht sowohl bei einem selbstsicheren als auch bei einem unsicheren Hund, der sich aggressiv verhält, die Gefahr, dass er zubeißt. Dennoch ist es wichtig, den Unterschied zu erkennen, denn nur dann kann eine gezielte Therapie auch greifen.

Zurück gelegte Ohren, ein ausweichender Blick, nach vorne hin verkürzte Lefzen: Es sind viele körpersprachliche Details, die Rückschlüsse auf das Ziel des Aggressionsverhaltens erlauben.

Die gängige Einteilung und die dazugehörigen Erklärungen für Aggressionsverhalten bergen das Risiko der Einseitigkeit. Meistens steht im Fokus, gegen wen sich die Aggression richtet. Mal ist es der eigene Besitzer, mal sind es fremde Personen oder andere Hunde. Aggressionsverhalten gegenüber anderen Tieren ist vergleichsweise eher selten. Meist handelt es sich dabei um Jagdverhalten, z. B. bei Übergriffen auf Katzen.

Ursachen

Als Ursachen für Aggressionsverhalten werden überwiegend folgende genannt: Ressourcen bedingte Aggression, Angstaggression, hormonelle oder organische Ursachen, Territorialverhalten, familiär bedingte genetische Einflüsse oder umgerichtete Aggression. Die Fokussierung auf einen dieser Punkte, kann aber in eine Sackgasse führen, weil sie zu einem einseitig ausgerichteten Training verleitet.

Gerade beim Aggressionsverhalten ist es sehr wichtig, die Gesamtheit des Hundes zu betrachten. Welche Emotion hat das Aggressionsverhalten ausgelöst? War es Angst, Frustration, Wut oder etwas anderes? Wer war involviert, wie groß war die Distanz, was geschah vorher?

Für Hunde spielen bei einer aggressiven Auseinandersetzung folgende innere und äußere Faktoren eine Rolle:

> die eigene Fitness
> die Fitness des Gegners
> die Wertigkeit der Sache, um die es geht
> die möglichen Vor- und Nachteile eines Kampfes

Ziel einer Aggression

Die Zielsetzung ist hierbei stets gleich: Es geht darum, zum Gegenüber Distanz herzustellen. Das Zurückziehen einer Hand, ein Schritt rückwärts oder das Weiterlaufen des Joggers verheißen aus Hundesicht einen Sieg. Und jeder Sieg führt dazu, dass der Hund das Verhalten in Zukunft immer öfter zeigt.

Auch bei der Maulkorbwahl immer einen Profi hinzuziehen.

Einengende Situationen

Distanzen sind ein zentrales Thema, wenn es um Aggressionsverhalten geht. Hunde unterscheiden drei unterschiedliche Distanzen, die man sich wie drei gedachte Kreise vorstellen kann:

> die Fluchtdistanz – sie ist am weitesten weg vom Gegner
> die kritische Distanz – auf sie reagiert der Hund bei Unterschreitung mit Aggressionsverhalten
> die Individualdistanz – sie entscheidet darüber, ob der Hund Körperkontakt zulässt oder nicht

Welche dieser Distanzen der Hund als kritisch einstuft, legt er selbst fest. Was als Gefahr gewertet wird, ist eine subjektive Einschätzung. Die Vielzahl der Faktoren, die aggressives Verhalten beeinflussen, verdeutlichen, weshalb es wichtig ist, stets professionelle Hilfe hinzuzuziehen. Gut gemeinte Tipps anderer Hundehalter, die stets einen Rat zur Hand haben, wenn ein anderer Hund Probleme macht, können den betroffenen Hundehalter in Gefahr bringen. Und nicht nur ihn, sondern auch andere Menschen und Hunde.

Probleme mit anderen Hunden

Hat ein Hund Stress mit anderen Hunden, verwandelt sich der Spaziergang schnell in eine Zitterpartie. Zeit, etwas zu ändern.

Probleme mit anderen Hunden ist reinster Stress für jeden Hundehalter und natürlich für den Hund, weshalb umgehend ein professioneller Trainer eingeschaltet werden sollte, falls es mit anderen Hunden immer wieder Ärger gibt. Wenn ein Hund den Kontakt zu Artgenossen komplett meidet oder sich Zähne fletschend auf sie stürzt, liegt etwas im Argen. Die Vorbeugung solcher Probleme beginnt im Idealfall damit, dass der Hundehalter seinen Familienzuwachs in eine Welpenspielstunde bringt, damit

Dreistes Aufreiten kann zur Beißerei führen.

der Sozialkontakt zu gleichaltrigen Hunden nach der Trennung von den Wurfgeschwistern nicht abreißt. Auch danach sollten Hunde regelmäßig, am besten täglich, Kontakt zu Artgenossen haben. Zu sorgfältig sozialisierten Hunden versteht sich, denn wenn der gut gemeinte Kontakt in einer wüsten Beißerei endet, ebnet das wiederum erst den Boden für handfeste Probleme mit anderen Hunden. Aktive Vorbeugung heißt auch, ausreichend Zeit in eine solide Erziehung des Hundes zu stecken. Denn wenn er mit seinem Menschen spazieren geht und dann gegen dessen Willen andere Hunde bedroht oder sogar attackiert, ist das auch ein Zeichen mangelnden Gehorsams. Der Hundehalter sollte in der Lage sein, unerwünschtes Verhalten seines Hundes zu kontrollieren.

Häufige Ursachen

Probleme mit Hunden können aus vielen Situationen heraus entstehen. Oft sind es Beißunfälle, die mit Schmerzen

Gehorsamkeits-Check beim Spaziergang.

Oft entwickelt sich daraus die nächste Stufe des Kommentkampfes, die mit einer beeindruckenden Lärmkulisse einhergeht. Jetzt zeigen die Rüden auch handfestes Aggressionsverhalten, es geht jedoch nicht um ernsthafte Verletzung oder Tötung des Gegners. Allerdings geht es auch nicht um eine Rangordnung, denn die kann nur innerhalb eines Haushalts festgelegt werden.

Lösungsmöglichkeiten

und Verletzungen einhergehen und sich ins Bewusstsein des Hundes eingraben. Auch selbstbewusste unkastrierte Hündinnen zeigen sich mitunter unverträglich mit anderen Hündinnen. Sie wittern Konkurrenz und wollen alle Ressourcen für den eigenen Nachwuchs absichern. Deshalb fackeln sie unter Umständen nicht lange, wenn sich ihnen Mitbewerberinnen in den Weg stellen. Besonders während der Läufigkeit ist es für sie wichtig, ihre Ressourcen zu schützen. Dennoch zeigen sich auch viele Rüden Geschlechtsgenossen gegenüber reizbar. Bei ihnen setzt dieses Verhalten oft mit der Geschlechtsreife ein. Es geht also los, sobald der Rüde beim Urinabsatz sein Hinterbein hebt und mit der weiblichen Hundewelt liebäugelt. Ab dann sind andere Rüden Konkurrenten. Treffen sie aufeinander, steht meistens erstmal Imponiergehabe auf dem Programm.

Bestehen bereits Probleme, müssen Hund und Halter schrittweise lernen, sie abzubauen. Unter Umständen sollte der Hund erstmal eine Zeit lang mithilfe einer Schleppleine daran gehindert werden, Hör- und Sichtzeichen seines Halters zu ignorieren. Bestehen die Probleme weiter: unbedingt einen Profi hinzuziehen. Vielleicht muss der Hund auch stärker körperlich und geistig ausgelastet werden, damit er leichter zu handhaben ist. Sonderprivilegien sind vorerst gestrichen. Der Hund soll auch im häuslichen Umfeld klare Grenzen einhalten. Unter Umständen ist eine vorübergehende chemische Kastration (siehe S. 109) eine Alternative, um festzustellen, ob sich das Problemverhalten gegenüber anderen Hunden entspannt. Ist das der Fall, könnte eine Kastration das Leben aller Beteiligten erleichtern.

Jagen

Jagen macht Spaß. Davon sind ganz viele Hunde fest überzeugt, denn Jagen ist ein selbst belohnendes Verhalten.

Glücklich auf der Spur

Jagen bedarf keines freudigen „Prima" von Seiten des Besitzers. Auch keines verführerisch duftenden Hundekekses. Alleine die Verfolgung von Fährte oder Beuteobjekt ist eine himmlische Belohnung und macht vor allem Lust auf mehr. Um Nahrungsbeschaffung geht es beim meist gut genährten Familienhund dabei nicht, sondern einzig und allein um den unvergleichlichen Spaß. Der Hundehalter sieht das in der Regel ganz anders. Er versucht verzweifelt, die Leine seines eifrigen Jägers fest zu umklammern, wenn der mal wieder ein Objekt der Begierde entdeckt. Frei laufen lassen gelingt allenfalls mit Bauchschmerzen, denn wenn der Jagdfanatiker eine Fährte aufnimmt oder eine Katze davon flitzt ... dann ist es vorbei.

Bei diesem Anblick geht es mit vielen Hunden durch. Doch unerwünschtem Jagen kann man durchaus vorbeugen.

Alternativen zur Jagd

Stress pur für den nicht jagenden Hundehalter und deshalb steht bereits vor der Anschaffung des Hundes eine logische Überlegung an: Muss der Welpe der Wahl unbedingt einer auf jagdliche Hochleistung gezüchteten Rasse entspringen? Wenn man nicht gemeinsam mit dem Hund auf die Jagd gehen möchte, ist das sehr gut zu überlegen. Entscheidet man sich dafür, sollten dem Hund Alternativen geboten werden, bei denen er seine angeborenen Fähigkeiten ausleben kann. Und die gibt es. Angefangen mit der Dummyarbeit, die Retrievern entgegen kommt. Über die Fährtenarbeit, die alle Spürnasen begeistert. Bis hin zu anderen sportlichen Aktivitäten, die Kopf und Körper des Hundes fordern. Außerdem festigt das gemeinsame „Jagen" mit dem Besitzer die Beziehung zwischen Mensch und Hund.

Hüten ist übrigens modifiziertes Jagen. Auch Hütehunde aus Leistungslinien oder Gebrauchshunde mit starker Hetzkomponente, wie z. B. Malinois, jagen. Wenn ein Welpe interessiert einen Vogel beobachtet, ist das bereits Jagdverhalten. Diese Situation lässt sich zum Rückruftraining nutzen.

Es gibt viele Trainingsmethoden, die unerwünschtes Jagdverhalten in kontrollierbare Bahnen lenken soll. Nicht alle sind gut und wirksam. Ein effektives Training zeichnet sich durch eine gute Struktur aus, die Schritt für Schritt, mit allen jagdlichen Anteilen, das Problem löst. Einfach in den Wald zu gehen und den Hund abzustrafen, wenn er jagt, löst das Problem nicht. Und es ist auch nicht fair gegenüber dem Hund.

Hunde aus südlichen Ländern, die sich in der Vergangenheit überwiegend selbst ernähren mussten, haben häufig massive Jagdprobleme. Was das bedeutet und wie hartnäckig dieses Problem sein kann, ist den meisten Haltern, die einen Tierschutzhund aus dem Süden aufnehmen, nicht bewusst. Dennoch: nicht verzweifeln, sondern das Problem angehen.

Fährtenarbeit lastet Kopf und Körper aus.

Stereotypien

Sie sind selten, gehören aber trotzdem erwähnt, weil Hunde, die unter Stereotypien leiden, einen enormen Leidensdruck haben. Eine Behandlung ist unumgänglich.

Was sind Stereotypien?

Stereotypien sind zwanghafte Wiederholungen bestimmter Verhaltensweisen. Das können Bewegungen sein wie das Jagen der eigenen Rute, bei dem sich der Hund im Kreis dreht. Auch zwanghaftes Lecken und Saugen gehören dazu. Wie auch aggressives Verhalten, oft gegen den eigenen Körper gerichtet, oder Dauerbellen bw. -jaulen oder das Jagen von Dingen, die gar nicht vorhanden sind. Die Ursachen hierfür können in der aktuellen Lebenssituation des Hundes, aber auch in der Vergangenheit begründet sein. Manchmal liegt auch kein Auslöser mehr vor. Der war vielleicht zu Beginn da, aber später tritt das Verhalten auch spontan auf.

Ursachen

> Genetische Komponente: Es gibt rassebezogene Stereotypien, z. B. das Flankensaugen, die akrale Leckdermatitis und das Jagen der Rute. Außerdem gibt es Blutlinien innerhalb einer Rasse, die häufiger von Stereotypien betroffen sind.

> Schlechte Haltungsbedingungen, die zu Langeweile und Einsamkeit führen, sind zwei wichtige Komponenten bei der Entstehung von Stereotypien.

> Inadäquate, soziale Aufmerksamkeit: der Hund bekommt immer oder meistens nur dann Aufmerksamkeit, wenn er eine dieser störenden Verhaltensweisen zeigt.

> Gefährdet sind Hunde, die sich tendenziell sehr stark in Erregungslagen hineinspulen und dann keine Möglichkeit haben, ihre Erregung auf ein Ziel zu lenken. Das betrifft beispielsweise Hunde in Zwingern, die einen Fremden verbellen, ihn aber nicht erreichen können und dann beginnen, sich im Kreis zu drehen.

> Neurobiologische Zusammenhänge werden vermutet. Es gibt Hinweise auf Entgleisungen des Dopamin- und

Serotoninsystems. Die Forschung gilt jedoch noch nicht als abgeschlossen.

> Umwelt, die Konflikte auslöst
> Langzeitgabe von Amphetaminen; z. B. bei der Behandlung von Hyperaktivität

Häufig ist es ein Zusammenspiel mehrerer Faktoren.

Formen von Stereotypien

Stereotypien sind selbstbelohnend. Der Hund kann sie nicht selbst unterbrechen. Eine nicht hundegerechte Haltung, brutale Ausbildungsmethoden und unausweichbare Gewalt fördern das Auftreten von Stereotypien. Hier einige häufig vorkommende Formen.

Leckdermatitis

Häufiges Belecken bestimmter Körperstellen kann ein Anzeichen für eine akrale Leckdermatitis (ALD) sein. Oft entstehen hierbei haarlose Bereiche, meistens an der Oberseite der Vorderbeine. Auch großflächige Wunden sind möglich. Es gibt verschiedene Ursachen für dieses Verhalten, sowohl psychische wie Isolation als auch körperliche. Ob eine Leckdermatitis oder eine Hautkrankheit vorliegt, muss der Tierarzt abklären. Die Behandlung der akralen Leckdermatitis erweist sich jedoch in vielen Fällen als schwierig.

Autoaggressionen

Sie gehen mit zerstörerischem Vorgehen gegen den eigenen Körper einher. Nicht artgerechte Haltungsformen, Über- oder Unterforderung und Dauerstress sind häufig Auslöser hierfür. Auch genetische Dispositionen können zu den typischen Symptomen der Autoaggression führen: Belecken bestimmter Hautpartien bis hin zur Wundbildung, anfallsartiges Attackieren der eigenen Hinterbeine, Knabber- und Bissverletzungen an Rute, Hinterbeinen und Pfoten, Krallenverstümmelung, Selbstamputation von Körperteilen.

Flankensaugen

Beim Flankensaugen saugt der Hund zwanghaft an den eigenen Flanken, bis dort haarlose Stellen oder sogar Wunden entstehen. Wie auch bei anderen Stereotypien scheinen dabei körpereigene

Stereotypien

> Exzessives Lecken an Gegenständen oder am eigenen Körper (akrale Leckdermatitis)
> Jagen eingebildeter Objekte (Fliegenjagen)
> Autoaggression
> Flankensaugen
> Lichtreflexe jagen
> Schatten jagen
> Schwanzjagen
> Dauerbellen

Zwanghaftes Schwanzjagen ist eine ernst zu nehmende Verhaltensstörung.

Opiate ausgeschüttet zu werden, die beim Abbau von Anspannungen helfen. Das gilt auch für fast halluzinatorisch wirkende Ausprägungen von Stereotypien wie dem Jagen von Lichtreflexen, Schatten oder Fliegen und ausgeprägtes Starren ins Leere.

Ein Hund muss allerdings nicht unbedingt gleich behandlungsbedürftig sein, wenn er eine Verhaltensweise zeigt, die für eine Stereotypie sprechen könnte.

Es kommt auf die Häufigkeit und Ausprägung an. Eine kritische Überprüfung der Haltungsbedingungen des Hundes ist ratsam. Ist er vielleicht zuviel alleine oder unterfordert? Sobald das zwanghafte Wiederholen bestimmter Verhaltensweisen jedoch gehäuft auftritt, sich schwer unterbrechen lässt und sogar den normalen Tagesablauf beeinträchtigt, ist dringend professionelle Hilfe hinzuzuziehen.

Trennungsbezogene Probleme

Manche Hunde bellen stundenlang, andere jaulen Herz zerreißend und manche zerlegen die komplette Einrichtung in kleine Stücke.

Alle handeln aus demselben Antrieb: Sie kommen nicht damit zurecht, alleine zurück zu bleiben. Oft sind es empörte Nachbarn, die sich beschweren und den Hundehalter auf das Problem seines Hundes hinweisen. Oder es sind Urin- und Kotspuren im Haus. Auch Speichelflecken können ein Indiz sein. Denn so verwunderlich es klingt: Längst nicht jedem Hundehalter ist bewusst, was für einen Stress das vorübergehende Alleinsein bei seinem Vierbeiner verursacht. Auch starkes Hecheln und ein erschöpfter Gesichtsausdruck weisen auf trennungsbezogene Probleme hin.

Ursachen

Doch woher kommen diese Probleme? Bei einem Welpen ist die Angst vor dem Alleinsein erstmal völlig normal. Er braucht die Nähe seiner Bezugsperson, um selbstbewusst die ersten Schritte ins Leben zu wagen. Wenn ein erwachsener Hund Probleme mit der Trennung von seinem Besitzer hat, liegt dem meistens eine der beiden folgenden Ursachen zugrunde: Entweder hat er nie gelernt, alleine zu bleiben, oder im Laufe der Zeit verknüpft der Hund Angst oder Frustration mit dem Alleinsein. Gute Hundetrainer ergründen die Ursache der trennungsbezogenen Probleme genau, denn danach richtet sich der Trainingsplan. Der kann jedoch auch nicht zum Ziel haben, dass der Hund demnächst ohne Protest Rekordzeiten alleine Zuhause verbringt. Aber vorübergehend mal alleine bleiben, ohne gleich auszurasten … das sollte er nach einem erfolgreichen Training meistern.

Nicht gern allein

Grundsätzlich sollte man sich keinen Hund anschaffen, wenn von Anfang an klar ist, dass man täglich mehr als vier Stunden lang ohne Hund außer Haus verbringt. Auch die Anschaffung von zwei Hunden löst dieses Problem nicht. Ein Zweithund ersetzt keinesfalls den Sozialpartner Mensch.

Training

Das Training erfolgt in vielen kleinen Schritten. Es kostet Zeit und Geduld, lohnt sich aber hinsichtlich der Aussicht, anschließend für viele Jahre einen Hund zu haben, der nicht ausflippt, wenn er mal alleine bleiben muss. Folgende Grundregeln sind Erfolg versprechend: Den Hund vor dem Training schön müde machen.

Anfangs verlässt der Hundehalter das Zimmer nur einen Augenblick lang und kommt sofort wieder herein. Die Zeiten des Fernbleibens über Wochen hinweg im Minutentakt steigern, keine zu großen Zeitsprünge wagen.

Trennungsprobleme lassen sich schrittweise abbauen.

Bellt oder jault der Hund wäre es ideal, einen Zeitpunkt der Stille zu wählen, um zurückzukommen. Wenn das klappt, prima. Falls nicht, kehrt der Hundehalter zurück, ignoriert den Hund aber komplett, damit keinesfalls der Eindruck entsteht, er wäre aufgrund des Lärms umgekehrt.

Bei der Rückkehr keine Freudentänze aufführen. Überschwängliche Begrüßungszeremonien steigern die Erwartungshaltung des alleine zurückbleibenden Hundes und können Fehlverhalten fördern.

Vor dem Verlassen des Hauses keine typischen Rituale veranstalten. Das Klingeln des Schlüsselbunds, der Griff zur Jacke – all das sind für den Hund Signale, dass sein Mensch gleich geht und somit Stressfaktoren. Um dem entgegenzuwirken, einfach öfter mal zu Schlüssel und Jacke greifen, ohne anschließend das Haus zu verlassen und – zumindest in der ersten Zeit – vor dem Fortgehen möglichst ganz unterschiedliche Dinge tun.

Richten Sie dem Hund Zuhause ein gemütliches Plätzchen ein und bestücken Sie es mit einem tollen Kauspielzeug, das möglichst lange hält und für den Hund ungefährlich ist. Treten trotzdem weiterhin Probleme auf, sollte professionelle Hilfe hinzugeholt werden.

Pubertät

Die Pubertät ist eigentlich kein Problem des Hundes, sondern eine ganz normale Entwicklungsphase. Dennoch verursacht sie zwischen Hund und Halter oft viele Probleme.

Der Übergang zum erwachsenen Hund

Die Pubertät rückt zunehmend ins Interesse von Verhaltensbiologen und Hundetrainern. Denn die Pubertät eines Hundes ist eine ganz spezielle Zeit. Mit einsetzender Pubertät beginnt die letzte sensible Phase. Erwachsene Tiere, vor allem gleich geschlechtliche, scheinen nun verstärkt Einfluss auf den Pubertierenden zu nehmen und damit sein zukünftiges Verhalten zu beeinflussen. Die Erforschung der Pubertätsphase bei Hunden steckt jedoch noch in ihren Anfängen. Dennoch ist bekannt, dass es während der Pubertät zu Verhaltensänderungen des Hundes kommt, die sich auch auf den erzieherischen Umgang mit ihm auswirken.

Dauer und Anzeichen

Der Zeitraum der Pubertät wird wissenschaftlich mitunter auf den Zeitraum zwischen dem sechsten Lebensmonat und dem Einsetzen der Geschlechtsreife festgelegt. Doch die pubertätstypischen Verhaltensweisen von Hunden zeigen sich oft, bis sie auch geistig wirklich erwachsen sind. Und das kann bis zum dritten Lebensjahr oder sogar noch länger dauern. Keine Sorge. Der Hundehalter erkennt zweifellos, ob sein Hund in der Pubertät ist oder nicht. Er wird bereits Gelerntes plötzlich ignorieren. Das Überhören bekannter Hörzeichen hat in der Regel dann nichts mit Hörproblemen, sondern mit der Pubertät zu tun. Wie auch das sture Ausklinken aus Trainingsabläufen, z.B. auf dem Agilityplatz oder bei der Fährtenarbeit. Das Anspritzen verschiedener Gegenstände mit Urin kommt genauso vor wie plötzliches Verteidigen von Ressourcen. Andererseits entwickelt der Hund auf einmal eine ungeahnte Empfindlichkeit. Er zuckt bei lauten Hörzeichen zusammen, flieht vor einer friedlich grasenden Schafherde und erweckt der Umwelt gegenüber den Eindruck, sein Besitzer würde ihn Zuhause ununterbrochen schlagen.

Damit nicht genug: Beherrschte der Vierbeiner vorher tadellos die Leinenführigkeit, führt er nun seinen Besitzer, sobald es irgendwo verführerisch duftet oder eine Markierung erforderlich ist. Statt Spielen ist nun Raufen mit anderen Hunden angesagt.

Konsequenz

Auf jeden Fall ist in der Zeit der Pubertät bei allem Verständnis Konsequenz angebracht. Der Hund muss lernen, auf seinen Besitzer zu hören, auch wenn ihm der Sinn gerade nach anderen Dingen steht. Die Pubertät ist ein guter Zeitpunkt, die einzelnen Stufen des Basisgehorsams nochmals von Grund auf abzufragen und nachhaltig zu festigen.

Lieber Markieren als Gehorchen – typisch Pubertät.

Draufgängertum ist während der Pubertät verbreitet. Jetzt ist Basisgehorsam wichtig.

All das sind Beispiele und nicht jeder Hund zeigt alle Symptome der Pubertät. Genau wie beim Zeitpunkt des Einsetzens der Geschlechtsreife gibt es auch hier große rassespezifische und andere individuelle Unterschiede. Dennoch wird sich die Pubertät zweifellos bemerkbar machen. Und sollte das in einer Form geschehen, die das Zusammenleben mit dem Hund und den Umgang mit der Umwelt stark belastet, ist auf jeden Fall professionelle Hilfe hinzuzuziehen. Ansonsten macht der Hund womöglich aufgrund seines Verhaltens schlechte Erfahrungen oder tanzt seinem Halter einfach auch zukünftig „auf der Nase" herum.

Das war nicht alles ...

Die aufgeführten Probleme sind nur einige der möglichen Verhaltensprobleme, die Hundehalter herausfordern. Darüber hinaus gibt es Hunde, die Probleme bei der Nahrungsaufnahme haben, also entweder schlecht fressen oder Dinge verzehren, die gar nicht zum gesunden Ernährungsplan gehören – wie Kot, Taschentücher oder Plastik. Auch Probleme beim Autofahren sind verbreitet. Für alle Verhaltensprobleme gilt: umgehend einen Profi aufsuchen. Umso länger man damit wartet, desto mehr verstärkt das Lernverhalten die Schwierigkeiten.

Ein überschätztes Problem

Überaktivität heißt das Schreckgespenst, das bei vielen Hundetrainern für größte Aufregung sorgt. Kleinste Erregungslagen des Hundes führen zu Irritation, was unbegründet ist. Schlimmer noch: Hunde dürfen oft nicht einmal mehr ausgelassen spielen, weil ihre Besitzer Angst vor erregten Hundegemütern haben. Dabei ist es wichtig, Hunde manchmal auch ausgelassen spielen und toben zu lassen. Für Hunde ist es ebenso wichtig wie für Kinder, auch einmal richtig aus sich herauskommen, herumtoben und laut sein zu dürfen. Hat der Besitzer tatsächlich ein Problem damit, das Temperament seines Hundes in den Griff zu bekommen, sollte er umgehend einen Hundetrainer hinzuziehen.

Gesundheit,
Pflege und Ernährung

Der Bewegungsapparat

Der Bewegungsapparat des Hundes ist der eines Jägers. An-
pirschen, blitzschnelles Losspurten und Stoppen, Sprünge, aus-
dauerndes Schreiten oder Traben sind nur einige Möglichkeiten
der Bewegungsvielfalt.

Es ist beeindruckend, einen Hund im
gestreckten Galopp dahin fliegen zu
sehen. Aber auch sein Kräfte schonen-
der, federnder Trab, der flüssige Schritt
und selbst der Passgang scheinen per-
fekt. Damit das so ist, hat die Natur
vorgesorgt. Zum einen ist der Hund im
Gegensatz zum Menschen ein Zehengän-
ger. Seine Zehen berühren den Boden,
die Mittelfußknochen stehen derweil
senkrecht zum Boden. Menschen sind
Sohlengänger, bei denen Zehen und
Mittelfußknochen Bodenkontakt haben,
was sie weitaus schwerfälliger macht.

Hunde sind zu einem hoch funktionalen Bewegungsablauf fähig.

Mit einem Sprung im Wasser. Schwimmen ist auch für Hunde sehr gesund und fördert den Aufbau der Muskulatur.

Hinzu kommt, dass Hunde dank einer sehr speziellen Verankerung der Vorder- und Hinterextremitäten am Rumpfskelett zu einem hoch funktionalen Bewegungsablauf fähig sind. Um einen optimalen Schub nach vorne zu ermöglichen, ist die Hinterhand – der eigentliche Motor des Hundes – starr mit dem Rumpfskelett verbunden. Da dieser Schub jedoch einer flexiblen Vorhand bedarf, die diese Kraft auch auffangen kann, gibt es keine starre Verbindung zwischen Vorderextremität und Rumpfskelett. Muskeln halten hier die Position und ermöglichen eine optimale Anpassung an die jeweilige Situation. Die flexible Verbindung zu Schulterblatt und Wirbelsäule federt selbst heftigste Bewegungen effektiv ab und fängt sie schonend auf.

Bewegung dem Alter angepasst

Starke Belastungen des Bewegungsapparates sind nur etwas für ausgewachsene Hunde. Welpen und Junghunde sollten stets altersgemäß belastet werden. Anfangs reichen mehrere, sehr kurze Spaziergänge täglich. Mit zunehmendem Alter lässt sich der sportliche Anspruch entsprechend steigern. Wanderungen, Radtouren oder Ausritte mit Hund sind während der Wachstumsphase ungeeignet. Das gilt auch für rasante Hundesportarten wie Dog Frisbee, Flyball oder Agility, bei denen es mitunter zu starken Belastungen des Bewegungsapparates kommt. Schwimmen ist hingegen eine gute Auslastungsmöglichkeit für Hunde im Wachstum, weil es die Muskeln trainiert, ohne die Gelenke durch das Körpergewicht zu belasten.

Das Gebiss

Welpen haben nadelspitze kleine Zähnchen, das Milchgebiss. Gerade beim Erlernen der Beißhemmung bohren diese sich manchmal recht unsanft in die Haut. Erst mit Abschluss des Zahnwechsels ist das Hundegebiss vollständig ausgebildet.

Insgesamt 42 Zähne bilden das Gebiss eines erwachsenen Hundes. Beim Welpen sind es nur 28. Erst mit dem Zahnwechsel, der meistens zwischen dem vierten und siebten Lebensmonat einsetzt, vervollständigt sich das Gebiss. Im Oberkiefer sind dann sechs Schneidezähne, zwei Fangzähne und auf jeder

Im Oberkiefer befinden sich drei Schneidezähne (Incisivi), ein Fangzahn (Caninus), vier vordere Backenzähne (Prämolaren) und zwei hintere Backenzähne (Molaren). Im Unterkiefer sind es drei Molaren. Das ausgebildete Hundegebiss besteht somit aus insgesamt 42 Zähnen.

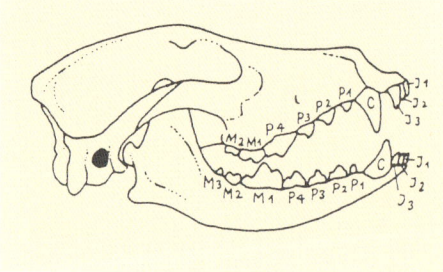

Seite sechs Backenzähne zu sehen. Im Unterkiefer sind ebenfalls sechs Schneidezähne und zwei Fangzähne vorhanden. Allerdings gibt es hier beidseitig jeweils sieben Backenzähne. Bei den Backenzähnen unterscheidet man Praemolare, Vormahlzähne, und Molare, Mahlzähne. Im Oberkiefer des Hundes sind vier Praemolare und zwei Molare. Im Unterkiefer vier Praemolare und beidseitig jeweils drei Molare.

Während die Fangzähne zum Ergreifen und Festhalten von Beutetieren dienen, helfen die Reißzähne beim Durchtrennen zäher Gewebeteile. Die Funktion der Reißzähne übernehmen der vierte Praemolar des Oberkiefers und der erste Molar des Unterkiefers.

Zahnpflege

Die Gesundheit der Zähne hängt von verschiedenen Faktoren ab. Die genetische Veranlagung spielt hierbei ebenso

Die Zähne sollten regelmäßig vom Tierarzt kontrolliert werden.

eine Rolle wie die Ernährung des Hundes und seine Pflege. Regelmäßige Zahnkontrollen sind sinnvoll. Falls erforderlich, sollte möglicher Zahnstein vom Tierarzt entfernt werden. Zahnpflege kann helfen, Zahnstein vorzubeugen. Es gibt sogar spezielle Hundezahnbürsten und Zahnpasta mit hundefreundlichem Geschmack und viele Hunde lassen sich gerne damit die Zähne reinigen. Auch Kauspielzeug mit reinigender Funktion kann die Zahngesundheit unterstützen.

Fütterung und Verdauung

Trockene Bröckchen verschiedener Größe, saftige Happen, rohes Fleisch mit Obst und Gemüse – wenn es um die Fütterung des Hundes geht, gibt es viele Überzeugungen.

Anpassung an den Bedarf

Egal, für was sich der Hundehalter letztendlich entscheidet: Wichtig sind Zusammensetzung und Menge der Nahrung, die an den Bedarf des Hundes angepasst sein müssen. Dabei spielen Faktoren wie hohe körperliche Belastung, Trächtigkeit, Wachstum und vieles mehr eine Rolle.

Idealgewicht

Die Rippen des Hundes sollten immer problemlos fühlbar sein und sich nicht unter einer zentimeterdicken Fettschicht verbergen. Um das zu vermeiden, hilft es, vergebene Belohnungs-Leckerchen konsequent von der Menge der normalen Futtertagesration abzuziehen.

Praktisch: Trockenfutter als Alleinfuttermittel

Fakt ist, dass heute die meisten Hunde in Deutschland zu dick sind. Und das bringt erhebliche gesundheitliche Probleme mit sich.

Alleinfuttermittel

Am einfachsten und bequemsten ist die Fütterung mit Alleinfuttermitteln, also Fertignahrung mit entsprechendem Hinweis, dass keine Zufütterung erforderlich ist. Der Markt bietet eine Vielfalt hochwertiger Futtermittel verschiedener Preisklassen. Der Vorteil: Ein gutes

Produkt enthält gut aufeinander abgestimmte Inhaltsstoffe, die Mangelerscheinungen oder einer Überversorgung vorbeugen. Es gibt Alleinfuttermittel für Hunde aller Größen und Altersklassen. Außerdem Nahrung für hoch aktive und für weniger sportliche Hunde. Auch für alte Hunde und für welche mit Allergien oder anderen gesundheitlichen Problemen. Trockenfutter erhöht den Flüssigkeitsbedarf des Hundes. Deshalb muss unbedingt immer Trinkwasser zur Verfügung stehen.

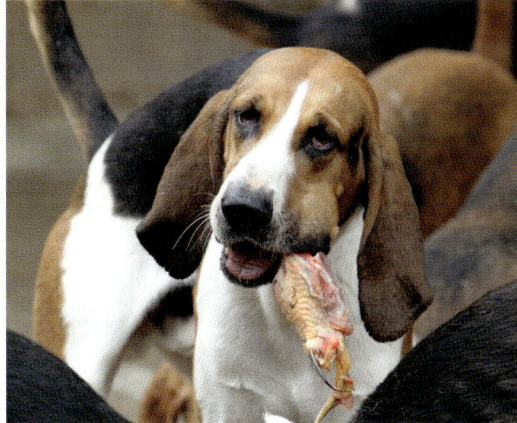

Rohfleischfütterung bedarf penibler Hygiene

Barfen

Alternativ besteht die Möglichkeit, den Hund weitgehend mit roher Nahrung zu versorgen – aber mit Plan und das bedeutet: in enger Zusammenarbeit mit einem Tierarzt, der sich auf Ernährung spezialisiert hat. BARF lautet die Formel, die für Biologically Appropriate Raw Foods, also Biologisch Artgerechtes Rohes Futter steht. Dabei soll die natürliche Ernährung des Wolfes imitiert werden. Wobei der sich angesichts der ellenlangen BARF-Futtermittel-Tabellen wohl das Maul lecken dürfte: Was für ein Angebot! Fleisch von Rind, Pferd, Schaf, Ziege und Wild gehört dazu. Außerdem Huhn, Pute und Ente. Schweinefleisch dagegen darf Hunden nicht verfüttert werden, da sie sich mit dem Aujeszky-Virus infizieren können. Das Gemüse reicht von Blumenkohl bis hin zu Zucchini. Alles schmackhaft verfeinert mit Kräutern, Getreide, Obst und Milchprodukten. Sicherlich eine sinnvolle Variante der Hundeernährung, wenn der Hundehalter bereit ist, sich intensiv mit der Ausgewogenheit der Rohkost zu beschäftigen, viel Frischfleisch einzulagern und regelmäßig selbst für den Hund in der Küche zu stehen.

Rohes Fleisch

Bei Rohfleischfütterung besteht ein Infektionsrisiko mit Salmonellen und Würmern. Fleisch, das der Rohfütterung dient, sollte schockgefroren werden. Es gibt Fertigprodukte für Barfer, die das sicherstellen.

Nahrungsreste

Wenn ein Hund gelegentlich Reste gesunder Nahrung abbekommt, die in der Küche übrig bleiben, wird ihm das in der Regel nicht schaden. Aber eine ausschließliche Ernährung mit Essensresten birgt die Gefahr der Unverträglichkeit und Mangelversorgung. Wer selbst für seinen Hund kochen möchte, kann das in Absprache mit einem Tierarzt, der sich auf Ernährung spezialisiert hat, anhand eines individuell erstellten Futterplans machen, ohne das Risiko einer Mangelversorgung einzugehen.

Fütterungsmenge

Im ersten Lebensjahr sollten Hunde mehrmals täglich Futter erhalten. Anfangs dreimal, später zweimal. Ihr Magen hat noch nicht die Größe, um mit der Gesamtfuttermenge eines Tages auf

Kot sagt viel über die Gesundheit aus.

einmal zurecht zu kommen. Erwachsene Hunde können in der Regel auch einmal täglich gefüttert werden. Halter großer Rassen sollten jedoch besser ein Leben lang zweimal täglich füttern und noch mehr als andere darauf achten, dass sich der Hund nach dem Fressen eine Stunde lang möglichst wenig körperlich anstrengt. Ansonsten droht womöglich eine Magendrehung, die zwar direkt nach dem Auftreten noch operiert werden kann, aber dennoch oft zum Tod des Hundes führt. Ein typisches Symptom für eine Magendrehung ist eine aufgeblähte Hungergrube, das ist die schlankste Stelle des Hundes, die bei Durst oder Stress schnell einfällt. Außerdem können Unruhe, starkes Hecheln und erfolglose Versuche zu Erbrechen, Anzeichen für eine Magendrehung sein. Jetzt keine Zeit verlieren, sondern den Hund sofort in die nächste Tierklinik bringen.

Kot

Der Kot eines gesunden Hundes kann abhängig vom Futter fester oder weicher sein, in der Farbe von hell- bis dunkelbraun und in der Stärke der Geruchsintensität variieren. Auf jeden Fall ist er formstabil. Tritt Durchfall auf, der Blut enthält oder länger als einen Tag lang andauert, besser den Tierarzt aufsuchen.

Die Sinne des Hundes

Wenn es um die Sinne des Hundes geht, handelt es sich um die Sinnesleistungen eines Jägers. Ob Teckel oder Deutsche Dogge – Hunde haben bei all ihrer Vielfalt nach wie vor eine ganze Menge vom Urvater Wolf.

Spezialist für leise Töne

Hunde hören über vielfach weitere Distanzen als Menschen. Der Frequenzbereich von 15 bis 50.000 Hertz ermöglicht Hunden, Frequenzen im Ultraschallbereich wahrzunehmen. Daran sollte man denken, bevor das nächste „Hier" wieder mit ohrenbetäubender Lautstärke über die Hundewiese hallt. Das feine Gehör dient der frühen Gefahrabwendung, was bei Hunden oft zu Reaktionen wie Bellen führt, zu einem Zeitpunkt, an dem der Hundehalter noch gar keine Ursache erkennt. Frequenzen im Ultraschallbereich, minimale Unterschiede in den Tonhöhen – Hunde leben in einer akustischen Erlebniswelt, die Menschen nur erahnen können.

Logisch, dass sie das Auto ihrer Bezugsperson aus hunderten heraushören und genau wissen, ob es bekannte oder unbekannte Schritte sind, die sich gerade der Haustür nähern.

Wundernase: Hunde können weitaus besser riechen als Menschen.

Die Welt der Gerüche

Ähnlich verhält es sich mit dem Geruchssinn. Was sind fünf Millionen Geruchsrezeptoren gegenüber 200 Millionen? Diese hohe Anzahl steht Hunden im Vergleich zur menschlichen Nasenleistung zur Verfügung. Es muss eine Flut an Duftnoten sein, die Hunde bei einem Spaziergang auswerten. Wenn ihr Mensch nach Hause kommt, können sie ihn mit der Nase lesen. Kleinste Geruchsmoleküle und Hautpartikel spüren Hundenasen auf. Außerdem gibt es beim Hund im harten Gaumen das Jakobson'sche Organ, auch Vomero-Nasal-Organ, mit dem vor allem Pheromone wahrgenommen werden. Das geschieht beispielsweise, wenn Rüden den Urin von Hündinnen auflecken und dann mit den Kiefern schlagen und speicheln. Dabei drücken sie den Geruch ins Jacobson'sche Organ. Deshalb ist es Unfug zu glauben, Hunde könnten nur mit geschlossenem Fang riechen. Duftwahrnehmungen erfolgen über das Schloss-Schlüssel-Prinzip. Jeder Duftstoff hat eine spezielle Rezeptorart in der Nase. Und dabei steht es 900 : 340. Für den Hund. Denn er verfügt über 560 Rezeptorarten mehr und kann somit 900 verschiedene Gerüche mitsamt allen daraus resultierenden Mischungen wahrnehmen. Jede einzelne Rezeptorart bestimmt jeweils einen Geruch und ist mit tausenden von Rezeptoren vertreten. Bei Menschen sind es rund fünf Millionen, bei Hunden circa 200 Millionen Rezeptoren. Folglich ist der Geruchssinn des Hundes einfach unschlagbar. Winzige Geruchsmoleküle, kleinste Hautpartikel – nichts entgeht den Supernasen.

Alles im Blick

Was die Sehleistung angeht, hat der Mensch dem Hund auf den ersten Blick etwas voraus. Er sieht weitaus schärfer.

Ein Sichtjäger: der Azawakh

Badewetter? Der Tastsinn ermöglicht eine Temperatureinschätzung.

Doch dafür ist das Hundeauge wiederum überdurchschnittlich auf das blitzschnelle Wahrnehmen von Bewegungen ausgerichtet. Und auch in der Dämmerung schlägt das Hundeauge das menschliche um Längen. Das gilt auch für das Gesichtsfeld des Hundes, das 250 Grad abdeckt und somit rund 60 Grad größer ist als das des Menschen. Die Überlappung des Gesichtsfelds des rechten und des linken Auges ermöglicht es, auch die Entfernung zu einem Objekt exakt einzuschätzen.

Geschmack

Der Geschmackssinn des Hundes ist wenig erforscht und doch ist sicher, dass er sehr gut schmecken kann. Die Geschmackspapillen befinden sich in der Schleimhaut der Zungenoberfläche. Vieles spricht dafür, dass Hunde – genau wie ihre Besitzer – die Geschmacksnoten Süß, Sauer, Salzig und Bitter voneinander unterscheiden können.

Tastsinn

Auch der Tastsinn des Hundes gehört zu den Sinnen und ermöglicht, sanfte Berührungen von Schmerz zu unterscheiden. Das ermöglichen Vibrationssinnesorgane in der Haut und spezielle Schmerzrezeptoren. Auch Kälte und Wärme werden exakt unterschieden und hinsichtlich der Erhöhung der Überlebenschancen ausgewertet. Welche genaue Rolle die Tast- und Barthaare bei der Sinneswahrnehmung spielen, ist unzureichend erforscht.

Fortpflanzung und Kastration

Züchten oder nicht? Und soll der Hund kastriert werden? Diese Entscheidungen hängen von vielen Faktoren ab.

Läufigkeit der Hündin

Es gibt zwei Hauptgründe, die Besitzer von Hündinnen über eine Kastration nachdenken lassen. Zum einen belastet sie die Läufigkeit mit der damit verbundenen Zusatzarbeit und die vergleichsweise anstrengenden Spaziergänge. Zum anderen hoffen sie, ihre Hündin durch eine Operation vor Mammatumoren, bösartigen Veränderungen des Gesäuges, zu schützen. Und es gibt noch einen Grund: Die meisten Welpenkäufer wollen später nicht mit ihrem Hund züchten. Bei Besitzern von Hündinnen ist fehlendes Interesse an der Zucht noch weitaus verbreiteter als bei Rüdenhaltern. Verständlich, denn es ist mit sehr viel Aufwand verbunden, mit einer Hündin zu züchten. Angefangen bei der Suche nach einem geeigneten Deckrüden, dem Warten auf den richtigen Moment für den Rüdenbesuch, über die ganze Zeit der Trächtigkeit bis hin zur Geburt und verantwortungsvollen Welpenaufzucht inklusive der Suche nach geeigneten neuen Familien. All das kostet sehr viel Zeit und Geld und setzt außerdem züchterisches Know-how voraus.

Ablauf der Läufigkeit

Zwischen dem sechsten und neunten Lebensmonat setzt bei vielen Hündinnen zum ersten Mal die Läufigkeit ein. Ein Zeitpunkt, der ihre Besitzer spätestens jetzt mit ganz neuen Themen konfrontiert: ungewollte Trächtigkeit, Scheinschwangerschaft, zwei bis drei Wochen Läufigkeit mit Schleim- und Blutabsonderung, veränderte Verhaltensweisen. Den einen stört all das, der andere kann damit zweimal pro Jahr gut leben. Kompliziert ist das Ganze eigentlich nicht: Gegen die Bluttropfen helfen spezielle Höschen und hormonell bedingte Verhaltensänderungen sind uninteressant, wenn die Erziehung und somit der Gehorsam der Hündin stimmt. Und übrigens besteht nur an vier Tagen der Läufigkeit tatsächlich die Gefahr eines ungewollten Deckakts. Sollte es dazu kommen, dürfen Rüde und Hündin nicht voneinander getrennt werden. Der Schwellkörper des Penis würde der Hündin bei einer gewaltsamen Trennung innere Verletzungen zufügen. Aber das Thema Kastration wandert ganz bestimmt mal durch den Kopf.

Kastration der Hündin

Medizinisch gesehen ist die Kastration der Hündin ein Routineeingriff. Wobei natürlich Risiken und Nebenwirkungen

Zwei unkastrierte Hunde

nicht auszuschließen sind. Die Kastration erfolgt unter Vollnarkose, hinterlässt eine mehrere Zentimeter lange, später kaum sichtbare Narbe. Hündinnen großer Rassen neigen vermehrt zu Harninkontinenz nach einer Kastration. Eine Folge des durch die Entfernung der Eierstöcke nicht mehr existenten Östrogens, das unter anderem den Schließmuskel der Harnblase beeinflusst. Weitere mögliche Nebenwirkungen sind vermehrtes Fellwachstum, wovon vor allem das Wollhaar langhaariger Rassen betroffen ist, und ein herabgesetzter Stoffwechsel, der eine angepasste Fütterung erfordert, ansonsten besteht die Gefahr der Gewichtszunahme. Abgesehen von dem Vorteil einer Kastration, die Wahrscheinlichkeit des Auftretens von Mammatumoren zu senken, kann das Risiko der Erkrankung an Knochentumoren steigen. Auch Verhaltensänderungen sind nicht auszuschließen. Früh kastrierte Hündinnen bleiben oft kindlicher und schüchterner. Manche werden ausgesprochen launisch. Andere wiederum, die vor der Kastration durch wankelmütiges Verhalten auffielen, verhalten sich ruhiger. Es gibt keine Garantie, dass nach einer Kastration alles besser wird. Da hilft nur eine sorgfältige Besprechung mit dem Tierarzt. Und letztendlich eine persönliche Entscheidung.

Unausstehlich? Daran sind längst nicht immer die Hormone Schuld.

Was ist eine Sterilisation?

Entgegen der nach wie vor verbreiteten Annahme, dass nur Rüden kastriert, Hündinnen aber sterilisiert werden, ist heute Fakt: Beide werden kastriert. Es gibt zwar das Verfahren der Sterilisation, aber das taugt nicht für Hündinnen. Warum? Bei einer Sterilisation werden nur die Eileiter durchtrennt. Die Eierstöcke dagegen bleiben erhalten und neigen dann oft zu bösartigen Veränderungen, weshalb eine Sterilisation nicht geeignet ist.

Chemische Eingriffe

Medikamentöse Dauerbehandlungen der Hündin, die zum Ausbleiben der Läufigkeit führen und eine ungewollte Trächtigkeit verhindern, sind ebenfalls kritisch zu sehen. Hormonschwankungen können Gebärmutterveränderungen begünstigen oder auch zu ungewollter Sterilität führen, was dramatisch ist, wenn die Hündin später doch noch einmal zur Zucht eingesetzt werden soll. Es gibt auch noch die chemische Unterdrückung der Läufigkeit, die nur einer gezielten Verschiebung dient. Zum Beispiel, um die Urlaubszeit der Hundehalter zu überbrücken. Bei beiden Behandlungen werden der Hündin Gestagene verabreicht. Diese bringen das Risiko von Gebärmuttererkrankungen mit sich. Dazu gehört die Gebärmutterentzündung, Pyometra, die sich in der Regel einige Wochen nach der Läufigkeit bemerkbar macht. Und zwar durch Störungen des Allgemeinbefindens, Apathie, Lustlosigkeit. All das sind auch Symptome für eine Scheinträchtigkeit, aber manchmal verbirgt sich eben auch eine lebensgefährliche Gebärmutterentzündung dahinter. Ein weiteres Risiko der medikamentösen Unterdrückung sind durch Ausschüttung von Wachstumshormonen bedingte Gewebezubildungen und Diabetes mellitus.

Scheinträchtigkeit

Sollte tatsächlich eine Scheinträchtigkeit vorliegen, tritt sie meistens einige Wochen, manchmal sogar erst vier bis sechs Wochen, nach der letzten Läufigkeit auf. Die Hündin zeigt dann Brutpflegeverhalten, baut Höhlen, gibt sich anschmiegsam, manchmal ist sie auch unleidig gegenüber anderen Hunden. Auch ein Milcheinschuss kann zu den Symptomen der Scheinträchtigkeit gehören. Für den Hundehalter gilt nun: die Hündin keinesfalls verhätscheln, alle Spielzeuge wegräumen und den Tierarzt um medizinische Unterstützung bitten.

Chemische Kastration beim Rüden

Bei Rüden ist die chemische Kastration weitaus weniger problematisch. Für sie gibt es ein Implantat, das ein GnRH-Analog enthält, das die Produktion der Sexualhormone verhindert. Ein Implantat wirkt bis zu zwölf Monate und ist eine gute Möglichkeit, Verhaltensprobleme des Rüden zu überprüfen. Verhält er sich nach Einsetzen des Implantats unproblematisch, ist im zweiten Schritt an eine richtige Kastration zu denken. Falls nicht, ist klar, dass seine Verhaltensprobleme nicht hormonell bedingt sind. Früher galt die Kastration bei aggressiven Rüden als Allheilmittel. Fakt ist: Das stimmt nur sehr bedingt. Denn die wenigsten Verhaltensprobleme sind tatsächlich testosterongesteuert. Deshalb am besten erstmal mit dem implantierten Chip testen, wohin die chemische Kastration führt. Eine operative Kastration birgt beim Rüden dieselben Risiken wie bei der Hündin. Was das Verhalten des Rüden nach einer Kastration angeht, fallen das häufige Absetzen von Urin und das unermüdliche Interesse am anderen Geschlecht weg. Aggressionen verschwinden nur, wenn ihr Auslöser wirklich das Testosteron war. Ist das nicht der Fall, verwandeln sich kastrierte Rüden, die zuvor nur unangenehm zu Geschlechtsgenossen waren, mitunter plötzlich auch zu Hündinnen-Hassern. Die frühere Zuneigung basierte auf hormonellem Einfluss und damit ist nach der Kastration Schluss. Bei sehr ängstlichen Rüden lässt sich nach einer Kastration manchmal ein gesteigertes Angstverhalten beobachten. Testosteron wirkt sich positiv auf das Selbstbewusstsein aus.

Fell- und Ohrenpflege

Zur Hundehaltung gehört auch, dass der Vierbeiner regelmäßig gepflegt wird. Die Pflege des Hundes ist eine wichtige Voraussetzung für seine Gesundheit und sein Wohlbefinden.

Fellpflege

Vernachlässigung führt zu Verfilzungen, einem ungepflegten Gesamteindruck und kann auf Dauer gesundheitliche Schädigungen nach sich ziehen. Die Intensität der Pflege hängt vom Haarkleid des Hundes und seinem Einsatz ab.

Langes Fell

Langes, seidiges Fell ist eine wahre Augenweide. Es macht allerdings auch eine gehörige Portion Arbeit und muss regelmäßig gepflegt werden. Treten trotzdem Verfilzungen auf, kann man versuchen, sie vorsichtig mit den Fingern zu lösen, ohne dem Hund dabei weh zu tun. Sind die Verfilzungen bereits zu verworren, besser ein spezielles Hundetrennmesser aus dem Fachhandel zur Hilfe nehmen.

Mittellanges Fell

Hunde mit mittellangem Fell sind pflegeleichter als langhaarige Rassevertreter, obwohl das stockhaarige Haarkleid oft viel Unterwolle aufweist. Das ist vermutlich auch der Grund, weshalb viele Arbeitshunderassen über mittellanges Fell verfügen. Mittellanges Fell erfordert meistens keine tägliche Pflege. Es reicht, die Haare ein- bis zweimal pro Woche durchzubürsten. Grobe Verschmutzun-

Berger des Pyrénées

gen sollten natürlich regelmäßig entfernt werden. Der Fellwechsel verläuft auch bei einem Hund mit mittlerer Haarlänge relativ intensiv. In dieser Zeit sollte man den Vierbeiner öfter bürsten, damit nicht alle Haare auf dem Teppich oder den Autositzen haften.

Kurzes Fell

Viele Hundeliebhaber bevorzugen kurzhaarige Rassen. Das liegt zum einen daran, dass sie sehr pflegeleicht sind, zum anderen neigen sie auch bei nassem Fell zu einer relativ geringen Geruchsentwicklung. Bei kurzhaarigen Hunden ist keine tägliche Pflege erfor-

Bullmastiff

Gepflegtes Gebiss

Das Gebiss des Hundes bedarf regelmäßiger Kontrolle. Zahnstein muss entfernt werden, weil der harte Belag verschiedene Folgeerkrankungen nach sich zieht. Es gibt spezielle Pflegeprodukte für die Zahnpflege des Hundes. Bei der Gebisskontrolle fallen auch mögliche Zahnschäden auf, die durch das Kauen auf Steinen entstehen können, oder durch Holzstöcke verursachte Verletzungen des Maulinnenraums.

derlich. In der Regel genügt es, den Hund hin und wieder zu bürsten oder ihn mit einem weichen Striegel zu bearbeiten. Da aber auch kurzhaarige Hunde einen Fellwechsel durchlaufen, sollte man sich in dieser Zeit darauf einstellen, öfter zur Bürste zu greifen. Kurze Haare haben übrigens die Eigenschaft, äußerst hartnäckig an Stoffen und in Teppichböden zu haften. Darüber hinaus gibt es rassespezifische Pflegeanforderungen wie das Trimmen des Fells, z. B. beim Airedale Terrier, oder das Anlegen von Zotten bei Bergamasker, Kommondor & Co.

Ohrenpflege

Hundeohren bedürfen regelmäßiger Kontrolle. Ausfluss und Rötungen können Hinweise auf Entzündungen oder Parasiten sein. Zur Reinigung keine Wattestäbchen verwenden.

Parasiten

Eine regelmäßige Parasitenprophylaxe ist Pflicht für jeden Hundehalter. Wirksame Floh- und Zeckenmittel gibt es beim Tierarzt, wie auch entsprechende Wurmkuren.

Ektoparasiten
Parasiten der Körperoberfläche

Zecken
Sie werden überwiegend beim Durchstreifen hoher Gräser übertragen; manchmal sind sie auch im Unterholz des Waldes anzutreffen. Der Zeckenbefall äußert sich durch den deutlich fühlbaren Zeckenkörper, der mit einer speziellen Zeckenzange entfernt werden sollte, weil Zecken auch verschiedene Krankheiten übertragen können.
Vorbeugung: Ungezieferhalsband, antiparasitäre Mittel im „Spot-On-Verfahren" auftragen.

Juckreiz kann auf Parasiten hinweisen.

Milben
Sie sind mit Zecken verwandt, allerdings saugen nur wenige Arten Blut. Hunde können an verschiedenen Milbenarten leiden. Nagemilben ernähren sich von Hautschuppen ihrer Wirte; Grabemilben legen Gänge in der Haut des Wirtes an

und Saugmilben nehmen Blut beziehungsweise Lymphflüssigkeit auf. Viele Milbenarten können schwere gesundheitliche Störungen auslösen. Demodikose (Demodex-Räude) ist eine der Erkrankungen, die von Milben ausgelöst werden. An Demodikose erkrankte Hunde sollten von der Zucht ausgeschlossen werden, da sich die Parasiten von der

Flohsuche mit dem Spezialkamm

Hündin auf die ungeborenen Welpen übertragen. Die Behandlung von Milben erfolgt unter tierärztlicher Aufsicht.
Vorbeugung: Hygiene, regelmäßige Fellpflege bzw. -kontrolle, Immunsystem stärken, bedarfsgerechte Nahrung verabreichen, Parasiten fernhalten, Stress-Situationen meiden.

Flöhe

Sie bedürfen einer sofortigen Kampfansage. Denn sie verursachen einen unerträglichen Juckreiz. Sind beim Bürsten auf der Haut des Hundes bereits kleine rötliche Krusten zu sehen, handelt es sich um Flohkot und der Hund ist bereits stark von Flöhen befallen. Ein typischer Hundefloh erreicht eine Länge von 2,5 bis 3,5 Millimetern. Allerdings können Hunde auch von Katzenflöhen und vielen anderen Floharten befallen werden. Für die Behandlung des Flohbefalls ist diese Tatsache allerdings nicht wichtig. Ein massiver Flohbefall kann zu Blutarmut, Mangelerscheinungen und

einem schlechten Allgemeinzustand führen. Manche Hunde reagieren mit heftigen Flohallergien.
Vorbeugung: Ungezieferhalsband, antiparasitäre Mittel („Spot-On-Verfahren").
Behandlung: Auf jeden Fall das ganze Umfeld mit einbeziehen, denn Flöhe halten sich nur kurz zum Blutsaugen auf dem Hund auf. Danach lassen sie sich auf Möbeln, in Teppichen und Betten nieder, um dort ihre Eier abzulegen. Rund 99 Entwicklungsstadien pro Floh existieren in seiner Umgebung – eine Floh-Explosion. Beim Tierarzt gibt es Tabletten, die dem Hund einmal pro Monat verabreicht werden, und die eine Vermehrung der Flöhe verhindern.

Endoparasiten

Parasiten, die innere Organe, Körperhöhlen und Gewebe befallen

Würmer

Hunde werden überwiegend von Rund- und Bandwürmern befallen. Die häufigsten Rundwürmer sind: Hakenwürmer, Spulwürmer und Peitschenwürmer.
Vorbeugung: Regelmäßige Wurmkuren sind ein Muss, da Würmer schwere gesundheitliche Schäden bei Hunden verursachen können und teilweise auch auf den menschlichen Organismus übertragbar sind. Kinder und immun-

geschwächte Personen gelten als besonders gefährdet.

Regel: Entweder vier- bis sechsmal pro Jahr entwurmen oder vier- bis sechsmal pro Jahr den Kot von drei Tagen aufsammeln, beim Tierarzt untersuchen lassen und bei Bedarf behandeln.

„Import-Parasiten"

Die Anzahl der ehemaligen Importkrankheiten, die inzwischen keine mehr sind, weil die Infektionen direkt in Deutschland stattfinden, nimmt zu. Dazu gehören beispielsweise Ehrlichiose und die Canine Anaplasmose. Ehrlichiose wird fast ausschließlich durch Zecken übertragen. Der Erreger *Ehrlichia canis*

Floh (1), Laus (2), Zecke vollgesaugt (3), Zecke leer (4), Haarbalgmilbe (5)

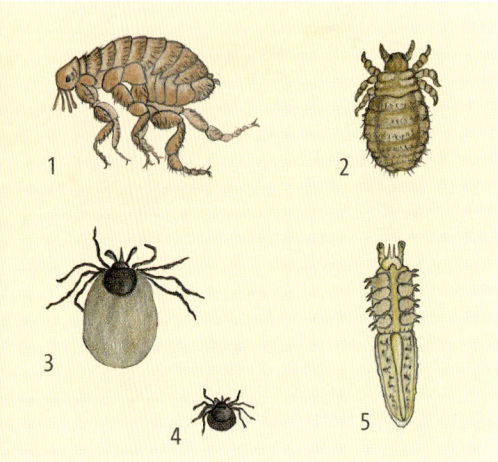

nistet sich in die Plasmazellen des Hundes ein. Auch Anaplasmose wird von Zecken übertragen – auf Hund, Pferde und auch auf Menschen.

Babesiose ist eine gefährliche Erkrankung, die durch Sporozoiten verursacht wird, welche die roten Blutkörperchen des Hundes befallen. Mehrere Zeckenarten kommen als Hauptüberträger in Frage. Leishmaniose ist ebenfalls eine gefährliche „Reisekrankheit", die überwiegend durch Sandmücken übertragen wird. Die Herzwurmerkrankung (Dirofilariose) wird durch den gefährlichen Herzwurm (*Dirofilaria immiti*) ausgelöst. 70 verschiedene Arten von Stechmücken sind für die Übertragung des Parasiten verantwortlich.

Vorbeugung: „Reisekrankheiten" können am effektivsten vorgebeugt werden, wenn man seinen Vierbeiner prinzipiell nicht mit in endemische Gebiete nimmt. Lässt sich die Reise nicht vermeiden, gibt es folgende Alternativen: antiparasitäre Mittel, eine Impfung gegen Mikrofilarien (ihre Wirksamkeit ist auf vier Wochen beschränkt), in einigen europäischen Ländern wird auch ein Medikament gegen Babesiose angeboten.

Impfungen gegen Borreliose, Zwingerhusten, Babesiose und Herpes können sinnvoll sein. Sie erfolgen in Absprache mit dem Tierarzt.

Infektions-krankheiten

Es gibt zahlreiche Infektionskrankheiten, die Hunden gefährlich werden können. Hier die wichtigsten im Überblick.

Staupe

Die Ansteckung mit Staupe, die mit dem menschlichen Masernvirus verwandt, aber nicht auf Menschen übertragbar ist, erfolgt durch die orale Aufnahme oder das Einatmen von Viren, die sich in Körperflüssigkeiten und Ausscheidungen erkrankter Hunde befinden. Drei bis sechs Tage nach der Infektion sind die Viren im Blut, der Milz, den Lymphknoten und der Thymusdrüse nachweisbar. Oft kommt es zu einem ersten Fieberschub. Im weiteren Krankheitsverlauf setzt sich das Virus vor allem in der Schleimhaut des Verdauungs- und Atmungstraktes ab. Eine Woche nach der Ansteckung treten folgende Symptome auf: Mattigkeit, Fieber, Appetitlosigkeit, hoch ansteckender, wässriger Nasen- und Augenausfluss. Die Behandlung ist schwierig; oft gibt es keine Heilung. Allerdings gibt es auch Hunde, die erfolgreich von selbst Antikörper produzieren, aber Folgeschäden wie ein Staupegebiss, Zähne mit frei liegenden Zahnbeinen und braunen Verfärbungen, oder nervöse Ticks entwickeln.

Canine Parvovirose

Die Canine Parvovirose – oder auch Katzenseuche – ist seit 1978 bekannt. Katzen und Hunde können sich übrigens nicht gegenseitig infizieren. Man unterscheidet zwei Verlaufsformen: die Herzmuskelentzündung und die Darmwandentzündung. Beide können tödlich verlaufen. Betroffen sind vor allem Hunde im Alter von sechs Wochen bis sechs Monaten. Erwachsene Parvoträger überwinden die Krankheit oft sehr gut. Die Sterblichkeit liegt bei rund zehn Prozent. Die Herzmuskelentzündung tritt selten auf und ist nur bei drei bis vier Monate alten Hunden zu beobachten. Die Darmwandentzündung kommt öfter vor: Erbrechen, Durchfall, Gewichtsverlust und Fieber zählen zu den Symptomen. Parvoviren werden mit dem Kot ausgeschieden und können über Jahre außerhalb des Körpers hinweg aktiv bleiben. Die Viren werden oral, z. B. durch das Schnuppern an Kot aufgenommen.

Hepatitis

Hepatitis contagiosa canis, die ansteckende Leberentzündung ist weltweit verbreitet. Betroffen sind Hunde und andere Fleischfresser – eine Ansteckung des Menschen ist möglich. Die Ansteckung erfolgt durch den direkten Kontakt mit dem Erreger in Urin, Kot und Speichel. Vier bis acht Tage später tritt hohes Fieber auf, das bis zu zwei Tage anhalten kann. Entzündete Mandeln, Appetitlosigkeit, Mattigkeit, Erbrechen, Durchfall, Durst, Augen- und Nasenausfluss sowie Bauchschmerzen sind typisch. Die Leberschädigung führt zu Störungen der Blutgerinnung bis hin zum tödlichen Kreislaufkollaps. Auch im akuten Verlauf gibt es plötzliche Todesfälle, ohne vorangegangene deutliche Symptome.

Leptospirose

Nicht nur Hunde, sondern auch Menschen werden von Leptospiren befallen. Die Bakterien nisten sich in den Nieren ein und werden mit dem Urin ausge-

Gesundheitsvorsorge

Die Entwicklung wirksamer Impfstoffe und ein verbessertes Vorsorgebewusstsein haben dazu beigetragen, die Verbreitung gefährlicher Infektionskrankheiten einzudämmen. Jeder Hundehalter sollte sich dem anschließen. Es ist wichtig, den eigenen Hund von klein auf zu immunisieren und ihn in Absprache mit dem Tierarzt zur Wiederholungsimpfung zu bringen.

schieden. Außer durch den Kontakt mit erkrankten Tieren können sich Leptospiren auch über verseuchtes Wasser oder Futtermittel übertragen. Gefährlich ist das Trinken aus abgestandenen Pfützen im Sommer und das Fressen von Mäusen. Ein bis zwei Wochen nach der Ansteckung kommt es zu den ersten Symptomen: Schwäche, Appetitlosigkeit, Fieber und Erbrechen, Atemprobleme, vermehrter Urinabsatz, großer Durst und Druckempfindlichkeit in der Nierengegend. Chronische Nierenschäden drohen als Spätfolge, sowie Gelbsucht aufgrund der Leberschäden.

Tollwut

Tollwut zählt zu den gefährlichsten Infektionskrankheiten. Menschen, Säugetiere und auch Vögel können sich infizieren. Füchse und andere fleischfressende Wildtiere gelten als Haupt-

Besuch beim Tierarzt

überträger. Die Ansteckung erfolgt durch einen Biss. Die Inkubationszeit zwischen Ansteckung und dem Auftreten der ersten Symptome kann Wochen oder Monate betragen. Verhaltensänderungen wie Unruhe, starke Aggression, Erregungszustände, Schluckbeschwerden, erhöhter Speichelfluss, Lähmungen und Tod sind die Folgen.

Borreliose

Borrelien sind Bakterien, die durch Zecken übertragen werden. Der Ausbruch der Borreliose kann durchaus erst Monate nach dem Zeckenbiss auftreten. Lethargie, Futterverweigerung, Fieber und Gelenksentzündungen können Anzeichen sein. Der weitere Krankheitsverlauf ist durch Schwellungen und Lahmheit gekennzeichnet. Die Borrelien greifen nun auch auf Herz, Nieren, das Nervensystem und andere innere Organe über. Obwohl man Borreliose inzwischen behandeln kann, sollte man sich auf eine langwierige Therapie einstellen.

Zwingerhusten

Zwingerhusten ist eine Virusinfektion, mit mehreren beteiligten Viren, auf die sich als Sekundärinfektion Bakterien aufsetzen. Feuchtkalte Witterung und schlechte Haltungsbedingungen begünstigen die Krankheit. Die Hunde infizieren sich durch Tröpfcheninfektion, leiden an Husten und Nasenausfluss. Zwingerhusten verbreitet sich rasend schnell und kann schwere Verlaufsformen wie Lungenentzündungen annehmen.

Impfplan

Die Grundimmunisierung des Hundes, die ihm einen ausreichenden Schutz gegen Infektionskrankheiten bietet, erfolgt viermalig. Hierbei gilt:

8 Lebenswochen	Staupe, HCC, Parvovirose, Leptospirose
12 Lebenswochen	Staupe, HCC, Parvovirose, Leptospirose, Tollwut
16 Lebenswochen	Staupe, HCC, Parvovirose, Tollwut
15 Lebensmonaten	Staupe, HCC, Parvovirose, Leptospirose, Tollwut

Diese Grundimmunisierung ist nicht unbegrenzt wirksam und muss regelmäßig durch die sog. Wiederholungsimpfung erneuert werden.

(Quelle: Verband für das Deutsche Hundewesen)

Hundesenioren

Noch vor kurzem tobte der Hund ausgelassen über Stock und Stein. Seine unermüdliche Freude am Spiel und an der Bewegung sorgte für tägliche Abwechslung.

Kein Spaziergang erwies sich als zu weit, kein Bach als unüberwindbar und auch auf Reisen stellte der Vierbeiner seine Anpassungsfähigkeit und Neugierde auf ein Neues unter Beweis.

Heute ist alles anders: Der agile Spielgefährte ist ruhig geworden. Er schätzt keine Aufregungen mehr; gibt sich mit kurzen Spaziergängen zufrieden und macht einen Bogen um spielwütige Artgenossen. Am liebsten liegt er in seinem Hundekörbchen und lässt sich von den streichelnden Händen seiner Familie verwöhnen. Der Hund ist alt geworden. Das ist für den Hundebesitzer der Zeitpunkt umzudenken: Von nun an muss er auf die speziellen Bedürfnisse des alternden Hundes eingehen und dafür sorgen, dass er einen würdigen Lebensabend verbringt.

Auch Hunde altern

Altern ist ein völlig natürlicher biologischer Vorgang, der nicht mit einer Krankheit zu verwechseln ist. Der Beginn des Alterungsprozesses und seine Geschwindigkeit sind teilweise genetisch

Seniors Lieblingsplatz

Graue Senioren

Alte Hunde verdienen Respekt. Sie haben ihren Menschen ein Stück weit auf dem Lebensweg begleitet und glückliche und traurige Momente mit ihm geteilt. Das sollte Grund genug sein, sie in Würde altern zu lassen und ihnen einen angenehmen Lebensabend zu bescheren.

Im Alter lassen es viele Hunde ruhiger angehen.

vorbestimmt, allerdings beeinflussen auch die Größe des Hundes, seine Ernährung und die individuellen Haltungsbedingungen die Lebenserwartung: Vertreter großer Hunderassen altern meist schneller als kleinere Hunde. Im Alter kommen Zipperlein – bei Hunden wie auch bei Menschen. Das Immunsystem lässt nach, Beschwerden und Krankheiten häufen sich. Das Gewebe und die inneren Organe sind verbraucht, sie zeigen Schwächen. Viele Hunde äußern nun weniger Bewegungsfreude und

neigen bei gleichbleibendem Appetit zu Übergewicht. Im sehr hohen Alter magern Hundesenioren allerdings oft ab.

Seh- und Hörfähigkeit

Der körperliche Verfall liegt in einem generellen Abbau begründet: Das Bindegewebe reduziert sich, Nerven- und Muskelzellen sterben zu großen Teilen ab und auch die Körpermasse ist auf dem Rückzug. Das Nachlassen der Sehkraft ist häufig das erste altersbedingte Anzeichen, das dem Hundebesitzer auffällt. Der „trübe Blick" des Hundes hat nur noch wenig mit dem strahlenden Augenausdruck vergangener Jahre zu tun. Nicht selten kommt es sogar zur vollständigen Erblindung des alten Haustieres. Dieses Stadium bleibt manchmal lange unbemerkt, da Hunde den Verlust der Sehkraft mit ihrem ausgezeichneten Geruchssinn wettmachen. Abgesehen vom Nachlassen der Sehkraft schwächt das Alter auch das Hörvermögen. Reagierte er früher auf das leiseste Flüstern, muss man heute kräftig rufen, bevor der Hund endlich freundlich wedelnd um die Ecke kommt.

Demenz

Auch Demenz ist ein Thema bei Hundesenioren. Sie schnüffeln sich bei einem Spaziergang irgendwo fest und scheinen dann alles um sich herum zu vergessen. Sie verlieren ihren Besitzer und bemerken es gar nicht oder starren stundenlang Löcher in die Luft. In solchen Fällen den Tierarzt um medikamentöse Unterstützung bitten. Es gibt Wirkstoffe, die den Zustand verbessern oder den Krankheitsverlauf zumindest verlangsamen.

Check

Der Hund wird alt – darauf muss man jetzt achten:

> ab dem achten Lebensjahr: einmal jährlich ein geriatrisches Blutbild erstellen lassen, um altersbedingten Erkrankungen wie Nierenproblemen rechtzeitig entgegenwirken zu können

> Zähne pflegen und regelmäßig checken lassen

> für angemessene Bewegung sorgen

> auf Probleme beim Harnabsatz achten

> den Hund regelmäßig nach Knötchen abtasten

> starke Belastungen des Herz-Kreislauf-Systems meiden

> Fellpflege intensivieren

> regelmäßig Augen und Ohren auf Verschmutzungen kontrollieren

> bei Auffälligkeiten sofort den Tierarzt zu Rate ziehen

Hund und Öffentlichkeit

Rücksicht auf andere

Haben Sie es auch schon bemerkt? Noch nie zuvor gab es so viele friedfertige Hunde wie heute. Und gleichzeitig existierten noch nie so viele Probleme zwischen Hunden, Hundehaltern und der Öffentlichkeit. Die gegenseitige Rücksichtnahme scheint hier ein wichtiger Ansatzpunkt zu sein.

Gutes Benehmen

Gutes Benehmen ist angesagt, wenn man das Privileg hat, einen Hund zu besitzen. Dazu gehört an allererster Stelle: Rücksichtnahme auf die Umwelt. Nicht jeder mag Hunde, manche Menschen verspüren bei ihrem Anblick sogar Angst. Deshalb leint ein verantwortungsbewusster Hundehalter seinen Vierbeiner an, wenn ihm beim Spaziergang jemand entgegenkommt. Bei Joggern, Reitern, Inline-Skatern oder Radfahrern ist sogar besondere Umsicht geboten. Sie bewegen sich schnell und stimulieren bei vielen Hunden das Hetzverhalten. Solange eine Hatz nicht sicher auf der Grundlage einer soliden Erziehung ausgeschlossen werden kann, gehören Hunde in solchen Situationen an die Leine. Hinzu kommt, dass es generell eine Frage von Respektbekundung ist, seinen Hund beim Nahen fremder Personen heranzurufen und anzuleinen, auch wenn man sicher ist, dass er harmlos ist. Oft wird der Gehorsam der Hunde auch überschätzt und sie kommen gar nicht sofort zurück, wenn der Halter ruft. Dann folgen die Standardausreden wie „Der tut nix" oder „Der will nur spielen". Und genau das ist in höchstem Maße unhöflich.

Hundehalter sollten Vorbilder sein.

Anleinen aus Höflichkeit

Anleinen ist ein Zeichen von Höflichkeit in einer Umwelt, in der ein Hund für Passanten einer von sehr vielen Hunden ist.

Sicher an der Leine

An die Leine sollte ein Hund auch prinzipiell in der Nähe von Kindergärten, Schulen, Spiel- und Sportplätzen. Auch an Bus- und Bahnhöfen, in öffentlichen Gebäuden, Einkaufszentren und Restaurants ist eine Leine ein Muss für höfliche Hundehalter. An Bauernhöfen und in Reitbetrieben gilt ebenfalls Anleinpflicht, außer, der Eigentümer entbindet den Hundehalter ausdrücklich davon. Wobei es für die Sicherheit des Hundes auf

Rücksichtnahme kommt immer gut an.

jeden Fall besser ist, ihn angeleint zu lassen. Denn falls er aus Neugierde zu dicht an Pferde, Kühe, Esel oder andere schlagkräftige Tiere gerät, die keine Hunde mögen, besteht Lebensgefahr. Das gilt auch im Straßenverkehr. In der Nähe stark befahrener Straßen, in Wohngebieten und in der Stadt ist eine Leine eine Lebensversicherung für den Hund. Und sie verhindert die ungewollte Gefährdung anderer.

Hunde mit Jagdpassion

Um das Leben von Wildtieren geht es, wenn Hunde mit Jagdpassion in der Natur unterwegs sind. Eine Leine sollte hier selbstverständlich sein, um Hase & Co. vor der ungewollten Hatz zu schützen. Auch in Naturschutz- und Erholungsgebieten ist eine Leine angebracht. Auf Heuwiesen, Äckern und im Wald abseits der Wege haben Hunde nichts verloren. Wiesen und Äcker sind in Privatbesitz und werden für die Gewinnung von Futter- und Lebensmitteln genutzt. Hunde können hier Schaden anrichten oder durch Kothaufen für Verunreinigungen sorgen. Im Wald lebt Wild und das sollte keinesfalls durch herumstreunende Hunde gestört werden. Kothaufen sollten aus Rücksicht auf die Umwelt, stets mit einem Kotbeutel entfernt und im Restmüll entsorgt werden.

Respekt unter Hundehaltern

Respekt und Rücksichtnahme ist auch gut für die Beziehung von Hundehaltern untereinander. So ist es höflich und umsichtig, den eigenen Hund anzuleinen, wenn angeleinte Hunde entgegenkommen. Vielleicht befindet sich der fremde Hund gerade in einer sensiblen Erziehungsphase und soll lernen, nicht einfach loszustürmen, sobald er Artgenossen sieht. Da ist es sehr ärgerlich, wenn frei laufende Hunde, die den „Azubi" bestürmen, die Erziehungsstunde zunichte machen. Natürlich ist es gut und wichtig, wenn Hunde untereinander Sozialkontakte pflegen. Aber wann und wo das geschieht, sollte stets der Hundehalter bestimmen. Und wenn dieser Halter keinen Sozialkontakt für seinen Hund wünscht, hat das der andere Hundehalter nicht in Frage zu stellen. Er sollte es akzeptieren und seinen Hund fern halten.

Der Hund darf Kontakt zu anderen Hunden aufnehmen? Dann sollten sich die Hundehalter darüber verständigen, ob das von beiden Seiten erwünscht ist. Wenn die Hunde frei laufen, unbedingt prüfen, ob die Umgebung dafür geeignet ist. Wenn ständig Autos vorbeirauschen, ist ein ausgelassenes Hundespiel zu riskant. Ein Risiko geht auch von geworfenen Spielzeugen, Stöcken oder anderen Dingen aus, die bei den Hunden Begehrlichkeiten wecken. Beim Gerangel darum verwandelt sich Spiel schnell in Ernst.

Immer mit dabei

Hundehalter lieben ihre Vierbeiner und manche nehmen sie wie selbstverständlich überall mit hin. Da nicht jeder diese Leidenschaft für Hunde teilt, ist es prinzipiell höflicher, vorher nachzufragen, ob es in Ordnung ist, wenn der Hund mitkommt. In Restaurants und Hotels ist darauf zu achten, dass der Hund keine anderen Gäste belästigt und er sollte keine Spuren hinterlassen. So ist es ratsam, einen Hund, der Zuhause Zugang zu Sesseln, Sofas und Betten genießt, im Hotelzimmer in einer Transportbox unterzubringen, wenn er dort alleine zurück bleiben muss. Ansonsten tobt er im Hotel auch übers Mobiliar und das ist prinzipiell ärgerlich für die Hotelbetreiber und unschön für die nachfolgenden Gäste. Die Folge: Nach wiederholten schlechten Erfahrungen verbieten viele Hotels die Mitnahme von Hunden und schränken so die Reisefreiheit aller Hundehalter ein. Also sollten wir im Interesse aller Hundehalter mit gutem Vorbild vorangehen. Dann steht ungetrübten Reisefreuden auch nichts im Wege.

Versicherung und Gesetze

Eine Haftpflichtversicherung für alle Fälle ist für jeden Hundehalter ratsam. Darüber hinaus gibt es Verordnungen und Gesetze, die alle betreffen, die Hunde besitzen.

Umsichtige Hundehalter trainieren die Verkehrssicherheit ihres Hundes.

Gut versichert

Falls doch einmal etwas passiert, sollte jeder Hund über eine Haftpflichtversicherung verfügen. Ein größerer Schaden passiert schnell: Der Hund muss nur versehentlich in ein Fahrrad rennen und den Radler zu Fall bringen. Der Schadensersatz für das beschädigte Rad, den Krankenhausaufenthalt und das Schmerzensgeld summiert sich beträchtlich. Anknüpfend an Größe, Rasse oder Gewicht eines Hundes ist je nach Bundesland eine Haftpflichtversicherung sogar gesetzlich vorgeschrieben. Die ersten Bundesländer haben bereits die generelle Versicherungspflicht für Hunde eingeführt bzw. planen dies. Im Zweifelsfall beim Ordnungs- oder Veterinäramt der Stadt, wo der Hund gemeldet ist, informieren. Dort erhält man auch Auskunft über die jährlich zu entrichtende Hundesteuer. Da die Hundesteuer eine

Ein Hund bedeutet Verantwortung.

Gesetzestreu

Wichtig zu wissen ist auch, dass die Hundehaltung zahlreichen Gesetzen unterliegt. Dazu gehören etwa:

> das Strafrecht,
> das Ordnungswidrigkeitenrecht,
> Tierschutzhundeverordnung und Tierschutzgesetz
> das Zivilrecht,
> die Gesetze und Verordnungen des Bundes,
> die Hundeverordnungen der Bundesländer,
> örtliche Regelungen der Städte und Gemeinden.

In der Konsequenz kann eine Mißachtung gesetzlicher Vorgaben Geldstrafen, Haltungsverbote aber auch Schadensersatzansprüche Dritter nach sich ziehen. Manche Bundesländer schreiben für bestimmte Hunde Leinen- und Maulkorbzwang vor. Da auch diese Regelungen nicht bundesweit einheitlich sind und Änderungen unterliegen, sollte sich jeder Hundehalter immer über den aktuellen Stand erkundigen.

kommunale Abgabe ist, bestehen deutschlandweit große Unterschiede. Zum Teil ist für bestimmte Hunde oder Hunderassen eine höhere Steuer zu zahlen. Auch kann die Anzahl der gehaltenen Hunde Einfluss auf die Steuerlast nehmen. So kann es aber auch Steuererleichterungen geben, etwa für Blindenführhunde, Therapie- oder Rettungshunde. Generelle Aussagen hierüber lassen sich wegen der örtlichen Unterschiede nicht treffen. Deshalb sollte sich jeder Hundehalter bereits vor der Anschaffung eines Hundes bei der für ihn zuständigen Stadtverwaltung erkundigen.

Recht und Gesetz

Infos zu Gesetzen und Verordnungen finden Sie unter: Bundesministerium der Justiz www.gesetze-im-internet.de

Fragenkatalog

1 **Wie alt sind die ältesten Spuren des Haushundes?**

a) 5.000 Jahre

b) 5.000–10.000 Jahre

c) 10.000–15.000 Jahre

d) Über 50.000 Jahre

e) Circa 100.000 Jahre

2 **Welches sind die Vorfahren aller Hunde?**

a) Hyänen

b) Coyoten

c) Füchse

d) Wölfe

e) Schakale

3 **Was versteht man unter der „Domestikation des Hundes"?**

a) Zuchtauslese auf ein bestimmtes Merkmal, z. B. Stehohren

b) Verpaarung von Geschwistern

c) Zuchtauslese auf eine bestimmte Eignung, z. B. Blindenführhund

d) Die Haustierwerdung vom Wolf zum Haushund

e) Fremdeinkreuzung in eine bestehende Rasse

4 **Wofür steht die Abkürzung VDH?**

a) Verband für das Deutsche Hundewesen

b) Verband der Hunde

c) Verband der Hundehalter

d) Verein der Hundezüchter

e) Verein der Hundefreunde

5 **Welche Aufgaben hat der VDH?**

a) Immer mehr neue Rassen zu züchten

b) Die Förderung ausschließlich deutscher Hunderassen

c) Interessenvertretung aller Hundehalter und Förderung der Zucht von gesunden und verhaltenssicheren Rassehunden, außerdem die Erziehung, Ausbildung und Beschäftigung mit Hunden.

d) Neue Gesetze zur Hundehaltung zu erlassen

e) Neue Hundevereine zu gründen

6 Wofür steht das VDH-Gütesiegel?

a) Für Hunde mit vielen Champion-
titeln

b) Für Hunde aus kontrollierter Zucht

c) Für Hunde ohne Ahnentafeln

d) Für Hunde aus dem Ausland

e) Für Hunde aus dem Zoofachhandel

7 Worüber informiert die Ahnentafel eines Hundes?

a) Über seine Abstammung

b) Über seine Zuchttauglichkeit

c) Über seinen Gesundheitszustand

d) Über seinen Formwert

e) Über seine Charaktereigenschaften

8 Wie viele verschiedene Hunderassen gibt es schätzungsweise weltweit?

a) Über 800

b) Über 100

c) Über 400

d) Über 200

e) Über 1.000

9 Welche Hunde bezeichnet man als „Mischlinge"?

a) Nachkommen vor Eltern gleicher
Rasse, die aber noch keine Zucht-
tauglichkeitsprüfung abgelegt haben

b) Nachkommen von Eltern, die aus
verschiedenen Ländern stammen

c) Nachkommen von Eltern gleicher
Rasse, bei denen aber ein Elternteil

das festgesetzte Zuchtalter deutlich
überschritten hat

d) Nachkommen von Eltern gleicher
Rasse, die aber ein deutlich unter-
schiedliches Temperament haben

e) Nachkommen von Eltern unterschiedlicher Rassen oder solchen,
die keiner Rasse angehören

10 Wie viele Hunde leben in Deutsch-land?

a) Circa 5 Millionen

b) Circa 10 Millionen

c) Circa 2 Millionen

d) Circa 30 Millionen

e) Circa 100.000

11 Sie wollen einen Welpen kaufen. Wie gehen sie vor?

a) Sie suchen im Anzeigenteil Ihrer
Tageszeitung nach einem günsti-
gen Angebot.

b) Sie wenden sich an den VDH oder
einen entsprechenden Zuchtverein
und bitten um Züchteranschriften.

c) Sie suchen einen Züchter, der möglichst viele Rassen zur Auswahl hat.
Der hat viel Erfahrung!

d) Sie surfen im Internet und suchen
nach einem Schnäppchen.

e) Sie meiden auf jeden Fall den Züchter, der Sie als künftigen Hundehalter zu genau unter die Lupe nimmt.

12 Was kostet ein Welpe aus einem seriö-sen Züchterhaushalt durchschnittlich?

- a) 100 bis 200 Euro
- b) 250 bis 500 Euro
- c) 600 bis 1500 Euro
- d) 2000 Euro
- e) Unter 100 Euro

13 Wie viel kostet das Futter, das ein Hund monatlich verbraucht, durch-schnittlich?

- a) 25 bis 50 Euro
- b) 75 bis 150 Euro
- c) 10 bis 15 Euro
- d) Über 150 Euro
- e) 5 bis 10 Euro

14 Was fällt jährlich durchschnittlich an Impfkosten an?

- a) 35 bis 60 Euro
- b) 60 bis 80 Euro
- c) 10 bis 20 Euro
- d) 90 bis 110 Euro
- e) Über 110 Euro

15 Ab welchem Alter dürfen Hundewel-pen laut Tierschutzhundeverordnung von ihrer Mutter getrennt werden?

- a) Älter als 12 Wochen
- b) Älter als 9 Wochen
- c) Älter als 8 Wochen
- d) Älter als 4 Wochen
- e) Älter als 16 Wochen

16 Können Hundewelpen bereits im Mutterbauch riechen?

- a) Nein, schließlich haben sie Frucht-wasser in der Nase
- b) Nein, diese Sinnesleistung ist in diesem Alter noch nicht entwickelt
- c) Ja, sie riechen ein im Fruchtwasser enthaltenes Pheromon, das auch an der Gesäugeleiste produziert wird, deshalb finden sie mit geschlosse-nen Augen – anhand des bekannten Geruchs – die Zitzen.
- d) Ja, sie nehmen über die Nabel-schnur die Geruchswahrnehmung der Mutter auf.
- e) Nein, es gibt noch keine Nervenver-bindung zwischen Nase und Gehirn des Welpen.

17 Welche Aussage ist bezüglich der Entwicklungsphasen des Welpen falsch?

a) In der neonatalen Phase kann der Welpe noch nicht hören und sehen.

b) In der neonatalen Phase ist der Welpe zur vollständigen Wärmeregulation in der Lage.

c) Im Laufe der Übergangsphase kann der Welpe hören und sehen.

d) Erfahrungen in der Sozialisierungsphase stellen die Basis für das spätere Verhalten dar.

e) Die Entwicklungsphasen der Welpen werden genetisch gesteuert.

18 Ab wann kann ein Welpe hören und sehen?

a) Ab der 3. Lebenswoche

b) Ab der 1. Lebenswoche

c) Ab der 5. Lebenswoche

d) Ab der Geburt

e) Ab der 7. Lebenswoche

19 Von wann bis wann durchlebt der Hund die Sozialisationsphase, in der sich die Basis für das zukünftige Verhalten bildet?

a) Von der Geburt bis zum vollendeten ersten Lebensjahr

b) Von der Geburt bis zum Alter von sechs Monaten

c) Sie beginnt um den 21. Lebenstag herum und erstreckt sich bis zum Alter von 12 bis 14 Wochen

d) Sie beginnt nach der Pubertät

e) Sie beginnt nach der Abgabe des Welpen vom Züchter an den Besitzer

20 In welcher Lebensphase verhalten sich Welpen auffallend angstfrei und lassen sich ganz entspannt an ungewohnte Situationen heranführen?

a) Zwischen der 3. und 5. Lebenswoche

b) Das geht immer

c) Das macht erst ab der 16. Lebenswoche Sinn

d) Hunde sollten keinen ungewohnten Situationen ausgesetzt werden.

e) Nach dem Füttern

21 Wie viele Hund-Halter-Teams sollten in einer Welpengruppe maximal pro Trainer betreut werden?

a) 10

b) 2

c) 6

d) 12

e) Nur mit einem Hund

22 Wie sollte eine Welpengruppe zusammengesetzt sein?

☐ a) Am besten spielen dort Hunde derselben Rasse zusammen

☐ b) Verschiedene Rassen sind wichtig, weil der Welpe auf seine eigene Rasse ohnehin sozialisiert ist.

☐ c) Das ist für den Lerneffekt vollkommen egal

☐ d) Hunde verschiedener Alterstufen

☐ e) Mindestens ein Wurfgeschwister sollte dabei sein

23 Wie bringt man seinem Hund eine zuverlässige Beißhemmung bei?

☐ a) Das muss man gar nicht, sie ist angeboren

☐ b) Man zeigt dem Hund, dass er der Schwächere ist

☐ c) Man bricht das Spiel sofort mit einem empörten „Au" ab

☐ d) Man gibt ihm ein Leckerchen

☐ e) Man zieht an der Leine

24 Was ist geeignet, um den Welpen möglichst früh stubenrein zu bekommen?

☐ a) Wenig zu essen und zu trinken geben

☐ b) Den Welpen nach dem Schlafen, Spielen und Fressen möglichst direkt nach draußen bringen.

☐ c) Ihn mit der Nase in das „Malheur" hineinstubsen

☐ d) Laut schimpfen, wenn es passiert ist

☐ e) Eine aufgeblasene Papiertüte knallen lassen: dann erschrickt er nachhaltig

25 Was versteht man unter Habituation?

☐ a) Der Hund gewöhnt sich an Reize, die ihm zuvor Angst machten

☐ b) Der Hund reagiert empfindlicher auf bestimmte Reize

☐ c) Der Hund ignoriert zunehmend Reize, die zuvor neutral besetzt waren

☐ d) Der Hund gewöhnt sich an seinen Besitzer

☐ e) Der Hund gewöhnt sich an die neue häusliche Umgebung

26 Was versteht man unter Sensibilisierung?

☐ a) Der Hund lernt, bestimmte Reize zu ignorieren

☐ b) Der Hund zeigt eine verstärkte Reaktion auf einen bestimmten Reiz

☐ c) Der Hund wird immer nervöser

☐ d) Der Hund wird einfühlsam

☐ e) Der Hund wird ängstlicher

27 Was versteht man unter Assoziativem Lernen?

a) Der Hund verknüpft Ereignisse, die 5 Sek. nacheinander stattfinden.

b) Der Hund verknüpft zwei Ereignisse miteinander, die fast zeitgleich stattfinden.

c) Der Hund verknüpft zwei Ereignisse, zwischen denen mehrere Tage liegen.

d) Der Hund erinnert sich an Erlebnisse aus dem Welpenalter.

e) Der Hund kann die Kommandos seines Halters vorhersehen.

28 Was versteht man unter operanter bzw. instrumenteller Konditionierung?

a) Der Hund zeigt Verhaltensweisen, die er willentlich steuern kann und erhält dafür eine Reaktion aus der Umwelt. Diese Verknüpfung wirkt sich auf sein zukünftiges Verhalten aus.

b) Der Hund zeigt auf ein bestimmtes Signal hin eine bestimmte Verhaltensweise.

c) Der Hund wird mithilfe eines Leckerchens dazu motiviert, eine bestimmte Verhaltensweise zu zeigen.

d) Der Halter bewirkt durch Spielen eines Instrumentes die gewünschte Reaktion beim Hund.

e) Der Hund erlangt durch dieses Training eine bessere Ausdauerleistung.

29 Wie lernen Hunde am besten?

a) Durch negative Belohnung und positive Strafe

b) Durch unregelmäßiges Training

c) Durch positive Belohnung und positive Strafe

d) Nach dem Fressen

e) Durch positive Belohnung und negative Strafe

30 Spricht man bei Hunden von Trieben oder von Motivationen?

a) Von Trieben

b) Von Motivationen, die Bezeichnung Trieb ist veraltet

c) Es gibt beides

d) Weder noch

e) Man spricht von triebgesteuerter Motivation

31 Was versteht man unter einer Motivation?

a) Die deutliche Bereitschaft des Hundes, zu gehorchen

b) Einen Erregungszustand, der den Hund veranlasst, nach einem bestimmten Objekt oder Ziel zu streben, zum Beispiel: Beute machen, jagen oder spielen

c) Die Entscheidung, eigene Wege zu gehen

d) Leckerchen geben

e) Seinem Trieb zu folgen

32 Wozu führen positive Verstärker?

a) Sie erhöhen die Motivation, etwas zu tun und somit die Lernbereitschaft. Positive Verstärker können beispielsweise Leckerchen oder Spielzeuge sein.

b) Sie helfen, den Hund zu unterdrücken

c) Diese braucht man nur für ungehorsame Hunde

d) Sie erhöhen die Lautstärke der Rufkommandos

e) Sie helfen dem Hunde, lauter zu bellen

33 Wie viele Trainingseinheiten pro Tag bringen bei der Basiserziehung den besten Erfolg?

a) Am besten zwei Stunden am Stück trainieren

b) Zweimal täglich eine Stunde ist ideal

c) Maximal 4 bis 5 kurze Trainingseinheiten täglich bringen den besten Lernerfolg

d) Mindestens zwei Trainingseinheiten pro Stunde

e) Jeweils eine Trainingseinheit nach dem Füttern

34 Wie geht man beim Training am besten vor, damit der Hund später auch in schwierigen Situationen möglichst zuverlässig reagiert?

a) Das Training erfolgt von Anfang an in schwierigen Situationen. Umso mehr Ablenkungen es gibt, desto schneller lernt der Hund, sich davon nicht irritieren zu lassen.

b) Das Training erfolgt solange in einer Umgebung mit möglichst wenigen ablenkenden Reizen, bis der Hund zuverlässig reagiert. Danach werden die ablenkenden Reize schrittweise gesteigert, bis der Hund auch bei starker Ablenkung möglichst zuverlässig das erwünschte Verhalten zeigt.

c) Es reicht völlig aus, wenn der Hund in einer reizarmen Umgebung gehorcht. Bei starker Ablenkung kann er sich eben nicht so gut konzentrieren.

d) Das Training beginnt mit Situationen, die den Hund stark ablenken. Nach und nach werden die ablenkenden Reize reduziert, weil es mit zunehmendem Lernerfolg ja nicht mehr nötig ist, es dem Hund unnötig schwer zu machen.

35 Wie oft sollte der Halter ein Hörzeichen wiederholen, wenn der Hund nicht beim ersten Mal reagiert?

- a) Zweimal ist o.k., vielleicht hat der Hund das erste Hörzeichen nicht wahrgenommen.
- b) Nur einmal, ansonsten lernt der Hund, dass es völlig ausreicht, erst nach mehreren Wiederholungen zu reagieren.
- c) Man ruft so oft, bis der Hund endlich reagiert.
- d) Dreimal, weil man nur so die Aufmerksamkeit des Hundes gewinnen kann.
- e) Bis zu zehnmal, durch die Wiederholung kann sich der Hund das Hörzeichen besser einprägen.

36 Was versteht man unter einem Fehler-Wort?

- a) Das ist ein Wort, das dem Hund das Gefühl vermittelt, dass er etwas falsch gemacht hat und deshalb keine Belohnung erhält.
- b) Das ist ein falsch eingesetztes Hörzeichen.
- c) Das ist ein Wort, das den Hund in seinem Verhalten bestärkt.
- d) Das ist ein Hörzeichen, das der Hund nicht versteht.
- e) Das ist ein falsch ausgesprochenes Hörzeichen.

37 Was versteht man unter einem Lob-Wort?

- a) Das ist ein Wort, das dem Hund sofort das Gefühl vermittelt, etwas richtig gemacht zu haben.
- b) Das ist ein Wort, das man immer wieder zwischendurch einsetzen kann, um dem Hund zu zeigen, dass man ihn mag.
- c) Damit lenkt man den Hund ab, wenn er unerwünschtes Verhalten zeigt.
- d) Mit einem Lob-Wort tröstet man den Hund, wenn er Kummer hat.
- e) Ein Hörzeichen, mit dem der Hund gerufen wird.

38 Alle Hunde stammen vom Wolf ab. Welche Unterschiede gibt es zwischen den beiden?

- a) Es gibt keine. Hunde verhalten sich genauso wie Wölfe.
- b) Hunde reagieren im Gegensatz zu den meisten Wölfen auf gezielte körpersprachliche Signale des Menschen und erlernen durch die Verknüpfung von Verhalten und Belohnung zuverlässig Sicht- und Hörzeichen.
- c) Hunde können im Gegensatz zu Wölfen nicht in großen Rudeln leben.
- d) Hunde fressen kein Fleisch
- e) Hunde können nicht heulen

39 Wie entstehen beim Hund Vertrauen und Bindung zum Menschen?

a) Indem man dem Hund mit aller Härte zeigt, wer der Stärkere ist.

b) Indem man immer lieb und freundlich zum Hund ist.

c) Durch nachvollziehbare und konsequente Erziehung.

d) Indem man ihn regelmäßig füttert.

e) Durch regelmäßige Spaziergänge.

40 Was sollte in Haushalten mit Hund und Krabbelkindern beachtet werden?

a) Nichts. Der Hund wird das Kind bedingungslos akzeptieren.

b) Der Hund sollte auf jeden Fall Rückzugsmöglichkeiten haben, wohin das Krabbelkind nicht folgen kann.

c) Das kommt ganz auf den Hund an.

d) Der Hund sollte im Bett des Kindes schlafen.

e) Hund und Kind sollten regelmäßig zusammen alleine gelassen werden.

41 Wann setzt durchschnittlich die erste Hitze der Hündin ein?

a) Zwischen dem 3. und 4. Lebensmonat

b) 13 – 17 Monate

c) Zwischen dem 18. und 20. Lebensmonat

d) Über 24 Monate

e) Zwischen dem 6. und 12. Lebensmonat

42 Welche gesundheitlich unbedenklichen und zeitlich begrenzten Alternativen bieten sich anstelle einer Kastration des Rüden?

a) Eine Sterilisation

b) Regelmäßige Tablettengabe

c) Ein Implantat (GnRH-Analog), das bis zu einem Jahr eine Kastration simuliert.

d) Der Hund wird nur noch an der Leine geführt.

e) Der Hund wird im Zwinger gehalten.

43 Werden Hündinnen kastriert oder sterilisiert?

a) Sie werden immer sterilisiert

b) Sie werden in der Regel kastriert, weil bei einer Sterilisation nur die Eileiter abgebunden werden, die Eierstöcke aber erhalten bleiben und zu bösartigen Veränderungen neigen können.

c) Man kann zwischen beiden Methoden wählen, sie sind gleich gut.

d) Weder eine Kastration noch eine Sterilisierung sind bei der Hündin möglich.

e) Sie werden bereits sterilisiert geboren.

44 Wie kann man einen Hund am sichersten kennzeichnen, damit er ein Leben lang eindeutig erkennbar ist?

- ☐ a) Mit einer Tätowierung
- ☐ b) Ich klebe sein Foto in den Heimtierausweis
- ☐ c) Mit einem Chip
- ☐ d) Mit Farbe
- ☐ e) Mit einem auffälligen Halsband

45 Was verbirgt sich hinter dem Namen TASSO?

- ☐ a) Das größte Haustierregister Europas
- ☐ b) Das Haustierregister der Bundesregierung
- ☐ c) Deutschlands größtes Tierheim
- ☐ d) Eine Futtermarke
- ☐ e) Eine Ausbildungsmethode für Hunde

46 Wie oft sollte man einen Hund füttern?

- ☐ a) Einmal täglich reicht auf jeden Fall
- ☐ b) Junge Hunde sollten bis zur Vollendung des ersten Lebensjahres mehrmals täglich Futter bekommen, große Rassen lebenslang zweimal täglich, bei anderen reicht in der Regel eine Fütterung pro Tag.
- ☐ c) Immer drei Mahlzeiten täglich
- ☐ d) 3 – 4 mal in der Woche
- ☐ e) Immer dann, wenn der Hund hungrig ist.

47 Sollten große Hunde nach der Fütterung ruhen?

- ☐ a) Sie sollten nach dem Fressen circa eine Stunde lang keiner nennenswerten körperlichen Anstrengung ausgesetzt werden, weil ansonsten das Risiko einer Magendrehung besteht.
- ☐ b) Hunde können nach dem Fressen gleich weiter toben und spielen. Wölfe ruhen sich ja auch nicht aus.
- ☐ c) Das gilt nur für Hunde, die aus Linien stammen, in denen schon oft Magendrehungen vorkamen.
- ☐ d) Nein, denn zu lange Ruhephasen nach der Fütterung verursachen eine übermäßige Gewichtszunahme.
- ☐ e) Ja, sie dürfen sich bis zum nächsten Tag nicht bewegen.

48 Welchen Radius deckt das Gesichts-
   feld des Hundes ab?

a) 250 Grad

b) 180 Grad

c) 190 Grad

d) 90 Grad

e) 360 Grad

49 Wie viele Geruchsrezeptoren haben
   Hunde?

a) ca. 200 Millionen

b) ca. 100 Millionen

c) ca. 50 Millionen

d) ca. 10 Millionen

e) ca. 1 Million

50 Darf man Hunde baden?

a) Nein, auf keinen Fall. Darunter
   leiden Haut und Fell.

b) Aber sicher. Es spricht nichts gegen
   ein gelegentliches Bad, wenn dabei
   ein sanftes Hundeshampoo ver-
   wendet wird, das Haut und Fell
   pflegt.

c) Das ist nur etwas für Ausstellungs-
   hunde.

d) Nein, Hunde haben Angst vor
   Wasser.

e) Das hängt von der Rasse ab.

51 Was sind Ektoparasiten?

a) Parasiten der inneren Organe

b) Parasiten, die Gewebe befallen

c) Parasiten der Körperoberfläche, zum
   Beispiel: Zecken, Milben und Flöhe

d) Parasiten, die vom Menschen auf
   den Hund übertragen werden.

e) Parasiten, die der Hund mit der
   Nahrung aufnimmt.

52 Was sind Endoparasiten?

a) Parasiten, die Hundeohren befallen

b) Parasiten der inneren Organe,
   Körperhöhlen und Gewebe, zum
   Beispiel: Würmer

c) Flöhe

d) Zecken

e) Milben

53 Wo sollte ein Hund – auch wenn es
   vielleicht nicht ausdrücklich verboten
   ist – aus Rücksichtnahme immer
   angeleint werden?

a) In der Nähe von Kindergärten,
   Schulen, Spiel- und Sportplätzen,
   an Bus- und Bahnhöfen, in öffentlichen Gebäuden, in Einkaufszentren, Restaurants, auf Bauernhöfen
   und an Reitställen, wo auch für den
   Hund erhöhte Verletzungsgefahr
   durch auskeilende Pferde besteht.

b) Nur da, wo es verboten ist.

c) Auf der Hundewiese

d) In der Wohnung, wenn Besuch
   kommt

e) Im Auto

54 *Wie sollte sich ein Hundehalter ver-*
halten, wenn er beim Spaziergang
auf andere Hundehalter mit ange-
leinten Hunden trifft?

a) Ich lasse meinen Hund natürlich dahin laufen. Schließlich freut er sich, wenn er mit anderen spielen kann.

b) Ich rufe meinen Hund zu mir und leine ihn ebenfalls an. Wenn alle Hundehalter einwilligen, können die Hunde abgeleint werden und miteinander spielen.

c) Ich beschwere mich bei den anderen Hundehaltern, weil sie ihre armen Hunde nicht frei laufen lassen.

d) Ich drehe mich um und gehe mit meinem Hund weg.

e) Ich nehme meinen Hund auf den Arm.

Schweiz
Das Schweizer Tierschutzgesetz bestimmt, dass jemand, der einen Hund kaufen will, einen mehrstündigen Kurs zu besuchen hat. Personen, die noch nie einen Hund besaßen, beginnen mit einem mindestens vierstündigen Theorie-Kurs über die Bedürfnisse des Hundes. Danach folgt ein ebenfalls vierstündiger Kurs, der sich thematisch an der Rasse und Größe des Tieres orientiert und den neuen Besitzer inhaltlich mit der Kontrolle des Hundes in alltäglichen Situationen vertraut machen will. Eine abschließende Prüfung sei aktuell noch nicht vorgesehen. Zuständig für die Überwachung des neuen Gesetzes ist das Schweizer Bundesamt für Veterinärwesen (BVET).

Österreich
Wenden Sie sich an den ÖKV, um aktuelle Hinweise zum Hundeführerschein zu erhalten. Einen Fragebogen finden Sie unter www.oecnhs.at/pdf/FragenHS.pdf

Auflösung des Fragenkataloges

1 – c	15 – c	29 – e	43 – b
2 – d	16 – c	30 – b	44 – c
3 – d	17 – b	31 – b	45 – a
4 – a	18 – a	32 – a	46 – b
5 – c	19 – c	33 – c	47 – a
6 – b	20 – a	34 – b	48 – a
7 – a	21 – c	35 – b	49 – a
8 – c	22 – b	36 – a	50 – b
9 – e	23 – c	37 – a	51 – c
10 – a	24 – b	38 – b	52 – b
11 – b	25 – c	39 – c	53 – a
12 – c	26 – b	40 – b	54 – b
13 – a	27 – b	41 – e	
14 – a	28 – a	42 – c	

Service

Zum Weiterlesen

(Bücher aus dem Kosmos Verlag)

Bloch, Günther (2004): **Der Wolf im Hundepelz**

Bloch, Günther / Radinger, Elli H. (2010):
Wölfisch für Hundehalter

Donaldson, Jean (2009): **Hunde sind anders**

Donaldson, Jean (2012): **Hunde sind anders –
das Praxisbuch**

Eichelberg, Dr. Helga (Hrsg.) (2006): **Hundezucht**

Feddersen-Petersen, Dr. Dorit Urd (2004):
Hundepsychologie

Feddersen-Petersen, Dr. Dorit Urd (2008):
**Ausdrucksverhalten beim Hund, Mimik
und Körpersprache, Kommunikation und
Verständigung**

Fischer, Martin S. / Lilje, Karin E. (2011): **Hunde
in Bewegung**

Gansloßer, Dr. Udo (2007): **Verhaltensbiologie
für Hundehalter**

Jones, Renate Dr. med. vet. (2003): **Aggressionsverhalten bei Hunden**

Käufer, Mechthild (2011): **Spielverhalten bei
Hunden**

Metz, Gabriele / Teschner, Ramona (2011):
Body Talk – Körpersprache für Hundehalter

Miklósi, Ádám (2011): **Hunde-Evolution,
Kognition und Verhalten**

Schöning, Dr. Barbara (2008): **Hundeverhalten**

Schöning, Dr. Barbara (2011): **Hundeprobleme**

Schöning, Dr. Barbara / Steffen, Nadja /
Röhrs, Kerstin (2008): **Hilfe, mein Hund jagt**

Nützliche Adressen

Verband für das Deutsche Hundewesen (VDH)
Westfalendamm 174
D – 44041 Dortmund
Tel.: +49 (0) 231 56 50 00
Fax: +49 (0) 231 59 24 40
info@vdh.de
www.vdh.de

Österreichischer Kynologenverband (ÖKV)
Siegfried-Marcus-Str. 7
A – 2362 Biedermannsdorf
Tel.: +43 (0) 22 36 710 667
Fax.: +43 (0) 22 36 710 667 30
office@oekv.at
www.oekv.at

Schweizerische Kynologische Gesellschaft (SKG)
Brunnmattstr. 24
CH – 3007 Bern
Tel.: +41 (0) 31 306 62 62
Fax: +41 (0) 31 306 62 60
info@skg.ch
www.skg.ch

**Berufsverband der Hundeerzieher/innen und
Verhaltensberater/innen e. V. (BHV)**
Geschäftsstelle Frau Christiane Backes
Auf der Lind 3
65529 Waldems-Esch
Tel.: +49(0)69 93 99 63 96
christiane.backes@hundeschulen.de
www.bhv-net.de

Register

KOSMOS.

Wissen aus erster Hand.

Gabriele Metz • Ramona Teschner
Body Talk – Körpersprache für Hundehalter
96 S., 135 Abb., €/D 12,95

Der leichte Weg

Viele Menschen sind sich ihrer Körpersprache nicht bewusst:
Sie rufen freudestrahlend „Komm!", während sie bedrohlich
wie ein Panzer auf ihren Hund zuwalzen, sie flöten „Du bist der
allerbeste" und hängen ihm wie ein angriffslustiger Braunbär
im Genick. Hier wird die Körpersprache von Hund und Mensch
gegenübergestellt und erklärt, wie der Hundehalter anhand
von Bewegung und Mimik dem Hund viel klarere Signale geben
kann. Dadurch werden Missverständnisse vermieden und der
Hund folgt jederzeit gern.

kosmos.de

Bildnachweis

109 Farbfotos wurden von Gabriele Metz/Kosmos für
dieses Buch aufgenommen.

Abdruck der Fotos auf S. 5, 7, 8 und 9 mit freundlicher
Genehmigung des Musée de la Chasse et de la Nature,
Paris.

Mit 14 Illustrationen von Siegfried Lokau (8: S. 42/43)
Christiane Glanz (5: S. 114) und Mia Ejerstad-Conti
(1: S. 98).

Impressum

Umschlaggestaltung von eStudio Calamar unter Verwendung von zwei Farbfotos von Gabi Metz/Kosmos.

Mit 112 Farbfotos

Unser gesamtes lieferbares Programm und viele
weitere Informationen zu unseren Büchern,
Spielen, Experimentierkästen, DVDs, Autoren und
Aktivitäten finden Sie unter **kosmos.de**

Gedruckt auf chlorfrei gebleichtem Papier

© 2012, Franckh-Kosmos Verlags-GmbH & Co. KG,
Stuttgart.
Alle Rechte vorbehalten
ISBN 978-3-440-13248-7
Redaktion: Hilke Heinemann
Gestaltungskonzept: eStudio Calamar
Gestaltung und Satz: Atelier Krohmer, Dettingen
Produktion: Eva Schmidt
Printed in Germany / Imprimé en Allemagne

Alle Angaben in diesem Buch
erfolgen nach bestem Wissen
und Gewissen. Sorgfalt bei der
Umsetzung ist indes dennoch
geboten. Die Autorinnen und
der Verlag übernehmen kei-
nerlei Haftung für Personen-,
Sach- und Vermögensschäden,
die aus der Anwendung der
vorgestellten Materialien und
Methoden entstehen können.

MIX
Papier aus verantwor-
tungsvollen Quellen
FSC® C110508